工业和信息化普通高等教育“十三五”规划教材

21世纪高等教育计算机规划教材

Python 程序设计基础教程

Python Programming

■ 王绍锋 李淑英 主编

■ 李涛 曹琳琳 芦关山 副主编

人民邮电出版社

北京

图书在版编目（CIP）数据

Python程序设计基础教程 / 王绍锋，李淑英主编
. -- 北京 ： 人民邮电出版社，2019.2（2022.12重印）
21世纪高等教育计算机规划教材
ISBN 978-7-115-50551-4

Ⅰ. ①P… Ⅱ. ①王… ②李… Ⅲ. ①软件工具－程序设计－高等学校－教材 Ⅳ. ①TP311.561

中国版本图书馆CIP数据核字(2018)第297684号

内容提要

本书以全国计算机等级考试 Python 大纲为参考进行编写，共分为 10 章，内容包括 Python 概述、语法基础、程序控制结构、数据结构、函数与模块、面向对象程序设计、编程规范、错误和异常、文件操作及 Python 第三方库。

本书适合作为普通高等院校相关专业 Python 程序设计课程的教材和参考资料，也可作为全国计算机等级考试的培训用书。

◆ 主　　编　王绍锋　李淑英
　副 主 编　李　涛　曹琳琳　芦关山
　责任编辑　张　斌
　责任印制　彭志环

◆ 人民邮电出版社出版发行　　北京市丰台区成寿寺路 11 号
　邮编　100164　　电子邮件　315@ptpress.com.cn
　网址　http://www.ptpress.com.cn
　三河市祥达印刷包装有限公司印刷

◆ 开本：787×1092　1/16
　印张：9.5　　　　　　2019 年 2 月第 1 版
　字数：228 千字　　　　2022 年12月河北第 9 次印刷

定价：39.80 元

读者服务热线：(010)81055256　印装质量热线：(010)81055316
反盗版热线：(010)81055315

前言 FOREWORD

随着大数据、人工智能、机器学习的蓬勃发展，Python 编程语言得到了广泛应用。Python 是一种免费、开源的跨平台解释型高级编程语言，具有简单、易学习、开发效率高及调试运行方便等特点，深受广大编程爱好者的喜爱，被誉为最好的人工智能语言之一。

Python 近年来备受瞩目，因其具有丰富强大的库，所以用 Python 开发项目，编写的代码量少，代码简短，可读性强，便于团队协作开发。Python 开发人员可以把主要精力放在业务逻辑的设计与实现上。Python 应用领域主要包括 Web 开发、网络编程、爬虫开发、云计算开发、人工智能、自动化运维、金融分析、科学计算、游戏开发、桌面软件等。

本书基于 Python 的特点，本着简单明了的原则而编写。书中案例以图像化运行结果为特点，知识讲解采取循序渐进的方式，尽可能使学生学习的过程更平滑，从而提升学生的学习兴趣和编程能力。

本书由王绍锋、李淑英任主编，李涛、曹琳琳、芦关山任副主编，具体编写分工如下：第 1～3 章由王绍锋编写，第 4 章和第 10 章由李淑英编写，第 5 章和第 9 章由李涛编写，第 6～8 章由曹琳琳和芦关山编写，此外，崔金香、刘菊、周威、郑立平、卜伶俐也参与了本书编写和程序调试工作。本书的编写得到了哈尔滨远东理工学院领导的大力支持，在此一并表示衷心感谢。

本书的程序均在 Python 3.7.0 版本下调试运行。由于作者水平有限，且编写时间仓促，书中疏漏之处在所难免，恳请广大读者批评指正。本书作者的电子邮箱为 331382818@qq.com，欢迎读者来信交流。

编者

2018 年 10 月

目录 CONTENTS

第1章 Python概述 ············1

1.1 Python语言简介 ············1
1.1.1 Python的发展史 ············1
1.1.2 Python的特点 ············2
1.1.3 Python的应用领域 ············4
1.2 Python开发环境 ············5
1.2.1 Python IDLE简介 ············5
1.2.2 Python开发环境安装 ············5
1.2.3 启动Python ············7
1.2.4 运行Python程序 ············7
1.3 Python其他开发环境 ············8
1.4 习题 ············9

第2章 语法基础 ············10

2.1 基本数据类型 ············10
2.1.1 常量和变量 ············10
2.1.2 数字类型 ············14
2.1.3 布尔类型 ············17
2.1.4 字符串 ············18
2.1.5 数据类型转换 ············20
2.2 运算符与表达式 ············21
2.2.1 算术运算符 ············21
2.2.2 关系运算符 ············22
2.2.3 逻辑运算符 ············23
2.2.4 位运算符 ············25
2.2.5 赋值运算符 ············26
2.2.6 成员运算符 ············29
2.2.7 身份运算符 ············30
2.2.8 运算符优先级 ············31
2.3 习题 ············31

第3章 程序控制结构 ············32

3.1 海龟绘图模块 ············32
3.2 顺序结构 ············33
3.3 选择结构 ············35
3.3.1 单分支选择结构 ············35
3.3.2 双分支选择结构 ············36
3.3.3 多分支选择结构 ············37
3.3.4 选择结构嵌套 ············40
3.3.5 pass语句 ············41
3.4 循环结构 ············42
3.4.1 for循环 ············42
3.4.2 while循环 ············44
3.4.3 break和continue语句 ············46
3.5 习题 ············48

第4章 数据结构 ············49

4.1 列表 ············49
4.1.1 列表基本操作 ············49
4.1.2 列表常用方法 ············52
4.2 元组 ············54
4.2.1 元组基本操作 ············54
4.2.2 元组与列表 ············55
4.3 字典 ············56
4.3.1 字典基本操作 ············56
4.3.2 字典常用方法 ············59
4.4 集合 ············61
4.4.1 集合基本操作 ············61
4.4.2 集合运算 ············62
4.5 字符串 ············64
4.6 习题 ············67

第5章 函数与模块 ············68

5.1 函数定义与使用 ············68
5.2 函数的参数 ············69
5.2.1 必选参数 ············70
5.2.2 默认参数 ············70
5.2.3 可变参数 ············72
5.2.4 关键字参数 ············73

5.2.5 参数组合……73
5.3 函数的返回值……75
5.4 变量作用域……76
5.5 函数的嵌套……78
5.6 lambda 表达式……79
5.7 常用内置函数……80
5.8 模块……84
5.8.1 模块的使用……84
5.8.2 数学模块……85
5.8.3 随机模块……85
5.8.4 时间模块……86
5.9 习题……86

第 6 章 面向对象程序设计……87

6.1 面向对象程序设计简介……87
6.1.1 面向过程与面向对象……87
6.1.2 面向对象的主要特性……88
6.2 类的定义和实例化……88
6.3 数据成员与成员方法……90
6.3.1 私有成员与公有成员……90
6.3.2 数据成员……91
6.3.3 方法……93
6.4 属性……96
6.5 继承……101
6.5.1 类的简单继承……101
6.5.2 类的多重继承……102
6.6 多态……104
6.7 特殊方法和运算符重载……105
6.7.1 构造函数和析构函数……105
6.7.2 运算符重载……106
6.8 习题……107

第 7 章 编程规范……108

7.1 代码规范……108
7.2 注释规范……112
7.2.1 代码注释……112
7.2.2 文档注释……113
7.3 命名规范……114
7.4 习题……115

第 8 章 错误和异常……116

8.1 语法错误……116
8.2 异常……116
8.3 异常处理……118
8.4 抛出异常……121
8.5 用户自定义异常……122
8.6 定义清理行为……123
8.7 预定义清理行为……124
8.8 习题……125

第 9 章 文件操作……126

9.1 文件基础知识……126
9.2 文件基本操作……127
9.2.1 打开文件……127
9.2.2 关闭文件……129
9.3 文件读写操作……130
9.3.1 文件的读操作……130
9.3.2 文件的写操作……132
9.4 文件与目录操作……133
9.4.1 os……133
9.4.2 os.path……135
9.4.3 os.walk……135
9.5 数据维度……136
9.5.1 一维数据……136
9.5.2 二维数据……138
9.6 习题……139

第 10 章 Python 第三方库…140

10.1 第三方库的安装……140
10.1.1 第三方库的安装方法……140
10.1.2 pip 工具使用……141
10.2 PyInstaller 库……142
10.3 jieba 库……143
10.4 wordcloud 库……144
10.5 Python 常用第三方库……145
10.6 习题……146

01 第1章　Python概述

Python 作为一门跨平台、开源、免费的解释型高级编程语言，得到了业界的广泛关注。本章将对 Python 语言进行简单介绍，包括 Python 的发展史、Python 的应用领域和 Python 开发环境等内容。

1.1　Python 语言简介

Python 是一种被广泛使用的优秀的编程语言，崇尚优美、清晰、简单。据统计，近年来 Python 的影响逐年扩大，2018 年 7 月的 TIOBE 排行榜显示，Python 已经在编程语言中排行第 4（见图 1-1），而且整体呈上升趋势，反映出 Python 应用越来越广泛，也越来越得到业内的认可。

Jul 2018	Jul 2017	Change	Programming Language	Ratings	Change
1	1		Java	16.139%	+2.37%
2	2		C	14.662%	+7.34%
3	3		C++	7.615%	+2.04%
4	4		**Python**	**6.361%**	**+2.82%**
5	7	↑	Visual Basic .NET	4.247%	+1.20%
6	5	↓	C#	3.795%	+0.28%
7	6	↓	PHP	2.832%	-0.26%
8	8		JavaScript	2.831%	+0.22%
9	-	⇈	SQL	2.334%	+2.33%
10	18	⇈	Objective-C	1.453%	-0.44%

图 1-1　2018 年 7 月的 TIOBE 排行榜

1.1.1　Python 的发展史

Python 语言的创始人是吉多·范罗苏姆（Guido van Rossum）。1989 年，为了打发圣诞节假期，吉多·范罗苏姆开始开发一个新的脚本解释程序，作为 ABC 语言的一种继承，也就是 Python 语言的编译器。Python 这个名字，来自吉多所挚爱的电视剧 *Monty Python's Flying Circus*。吉多希望这个叫作 Python 的语言能符合他的理想：创造一种处于 C 和 Shell 之间、功能全面、易学易用、可拓展的语言。

1991 年，第一个 Python 编译器诞生。它是用 C 语言实现的，并能够调用 C 语言的库文件。从诞生开始，Python 就已经具有了类、函数、异常处理、包含列表和词典在内的核心数据类型，是以模块为基础的拓展系统。

2000 年 10 月 16 日，Python 2.0 发布，实现了完整的垃圾回收，并且支持 Unicode。同时，整个开发过程更加透明，在社区的影响也逐渐扩大。

2008 年 12 月 3 日，Python 3.0 发布，此版本不完全兼容之前的 Python 代码，不过，很多新特征后来也被移植到了 Python 2.x 版本。目前，Python 最新版本为 3.7，其下载界面如图 1-2 所示。

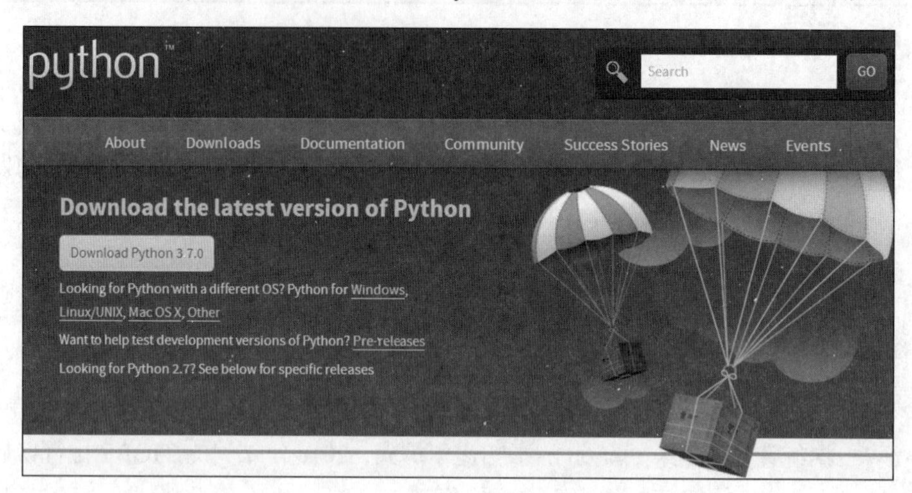

图 1-2　Python 3.7 版本下载界面

1.1.2　Python 的特点

Python 作为一门高级编程语言，它的诞生虽然很偶然，但是它得到程序员的喜爱却是必然的。

Python 的定位是"优雅""明确""简单"，所以 Python 程序看上去总是简单易懂，初学者学习 Python，不但入门容易，而且将来深入下去，可以编写一些功能非常复杂的程序。

1. Python 的优点

（1）简单

作为初学 Python 的人员，直接的感觉就是 Python 非常简单，非常适合阅读。阅读一个良好的 Python 程序就感觉像是在读英语文章一样，尽管这个"英语文章"的要求非常严格。Python 的这种伪代码本质是它最大的优点之一。它使你能够专注于解决问题而不是去搞明白语言本身。

（2）易学

Python 虽然是用 C 语言写的，但是它摈弃了 C 语言中非常复杂的指针，简化了 Python 的语法结构。

（3）免费开源

Python 是 FLOSS（自由/开放源码软件）之一。简单地说，用户可以自由地发布这个软件的备份、阅读它的源代码、对它做改动、把它的一部分用于新的自由软件中。Python 的开发者希望 Python 能得到更多优秀的人参与创造并经常改进。

（4）移植性强

由于 Python 具有开源的本质，它已经被移植到许多平台上（它经过改动能够工作在不同平台上）。如果开发者能小心地避免使用 Python 依赖于系统的特性，那么几乎所有 Python 程序无需修改就可以在下述任何平台上面运行，包括 Linux、Windows、FreeBSD、Macintosh、Solaris、OS/2、

Amiga、AROS、AS/400、BeOS、OS/390、z/OS、Palm OS、QNX、VMS、Psion、Acom RISC OS、VxWorks、PlayStation、Sharp Zaurus、Windows CE，甚至还有 PocketPC、Symbian 以及 Google 基于 Linux 开发的 Android 平台。

（5）解释性编程语言

在计算机内部，Python 解释器把源代码转换成称为字节码的中间形式，然后再把它翻译成计算机使用的机器语言并运行。事实上，由于用户不再需要担心如何编译程序、如何确保连接转载正确的库等，所以这一切使应用 Python 更加简单。而且，Python 程序直接复制到另外一台计算机上就可以工作，这也使 Python 程序更加易于移植。

（6）面向对象性

Python 既支持面向过程的函数编程，也支持面向对象的抽象编程。在面向过程的语言中，程序是由过程或仅仅是可重用代码的函数构建起来的；在面向对象的语言中，程序是由数据和功能组合而成的对象构建起来的。与其他主要的语言（如 C++和 Java）相比，Python 以一种非常强大又简单的方式实现面向对象编程。

（7）可扩展性和可嵌入性

如果需要一段关键代码运行得更快或者希望某些算法不公开，用户可以把部分程序用 C 或 C++编写，然后在 Python 程序中使用它们。也可以把 Python 嵌入 C/C++程序，从而向使用程序的用户提供脚本功能。

（8）丰富的库

Python 有丰富的标准库和第三方库可以使用。它可以帮助用户处理各种工作，包括正则表达式、文档生成、单元测试、线程、数据库、网页浏览器、CGI、FTP、电子邮件、XML、XML-RPC、HTML、WAV 文件、密码系统、GUI（图形用户界面）、Tk 和其他与系统有关的操作。只要安装了 Python，以上所有这些功能都是可用的。这被称作 Python 的“功能齐全”理念。除了标准库以外，Python 还有许多其他高质量的库，如 wxPython、Twisted 和 Python 图像库等。

（9）功能强大

Python 确实是一种十分精彩而又强大的语言，它合理地结合了高性能与编写程序简单有趣的特色。

（10）规范的代码

Python 采用强制缩进的方式使代码具有极佳的可读性。

2. Python 的缺点

（1）运行速度慢

如果用户有速度要求的话，可以用 C++改写关键部分，以提高运行速度。不过对一般用户而言，机器上运行速度的因素是可以忽略的，因为用户几乎感觉不到这种速度的差异。

（2）不能加密

不能加密既是优点也是缺点。Python 的开源性使 Python 语言不能加密，但是目前国内市场纯粹靠编写软件卖给客户的情况越来越少，网站和移动应用不需要给客户源代码，所以这个问题也就不算是问题了。

（3）构架选择太多

Python 没有像 C#这样的官方.NET 构架，也没有像 Ruby 开发的相对集中的构架（Ruby on Rails 构架开发中小型 Web 程序首选）。不过这也从另一个侧面说明，Python 比较优秀，吸引的开发人才多，项目也多。

1.1.3 Python 的应用领域

Python 作为一个整体可以用于任何软件开发领域，下面介绍 Python 主要应用的领域。

1. Web 开发

目前最流行的 Python Web 框架 Django，支持异步高并发的 Tornado 框架，短小精悍的 Flask 和 Bottle。Django 官方的标语把 Django 定义为 the framework for perfectionist with deadlines（为完美主义者开发的高效率框架）。

2. 网络编程

Python 支持高并发的 Twisted 网络框架，Python 3 引入的 asyncio 使异步编程变得非常简单。

3. 网络爬虫

在爬虫领域，Python 几乎是霸主地位，包括 Scrapy、Request、BeautifuSoap、urllib 等，用户需要爬取什么内容几乎都可以爬取到。

4. 云计算

目前最流行、最知名的云计算框架是 OpenStack，它正是由 Python 开发的。Python 现在的流行，很大一部分原因就是云计算的发展。

5. 人工智能

谁会成为 AI 和大数据时代的第一开发语言？这本已是一个不需要争论的问题。如果说三年前，Matlab、Scala、R、Java 和 Python 还各有机会，局面尚且不清楚，那么在 Facebook 开源了 PyTorch 之后，Python 作为 AI 时代头牌语言的位置基本确立，未来的悬念仅仅是谁能坐稳第二把交椅。

6. 自动化运维

如果问问运维人员，运维人员必须掌握的语言是什么？绝大多数的人会给出相同的答案——Python。

7. 金融分析

目前，Python 是金融分析、量化交易领域里使用最多的开发语言。

8. 科学运算

从 1997 年开始，美国国家航空航天局（National Aeronautics and Space Administration，NASA）就大量使用 Python 进行各种复杂的科学运算，随着 NumPy、SciPy、Matplotlib 和 Enthought librarys 等众多程序库的开发，使 Python 越来越适合于做科学计算、绘制高质量的 2D 和 3D 图像。与科学计算领域最流行的商业软件 Matlab 相比，Python 是一门通用的程序设计语言，比 Matlab 所采用的脚本语言的应用范围更广泛。

9. 游戏开发

Python 在网络游戏开发中也有很多应用。Python 比 Lua 有更高阶的抽象能力，可以用更少的代码描述游戏业务逻辑，与 Lua 相比，Python 更适合作为一种 Host 语言，即程序的入口点在 Python 那一端会比较好，然后用 C/C++在非常必要的时候写一些扩展。Python 非常适合编写 1 万行以上的项目，而且能够很好地把网游项目的规模控制在 10 万行代码以内。

1.2　Python 开发环境

1.2.1　Python IDLE 简介

IDLE 是开发 Python 程序的基本 IDE（集成开发环境），具备基本的 IDE 的功能，是非商业 Python 开发的不错的选择。当安装好 Python 以后，IDLE 就自动安装好了，不需要另外安装。同时，使用 Eclipse 这个强大的框架时，IDLE 也可以非常方便地调试 Python 程序。IDLE 包括语法加亮、段落缩进、基本文本编辑、TABLE 键控制和调试程序等基本功能。

IDLE 是标准的 Python 发行版，甚至是由创始人吉多亲自编写（至少最初的绝大部分）的，开发者可以在能运行 Python 和 Tk 的任何环境下运行 IDLE。打开 IDLE 后出现一个增强的交互命令行解释器窗口（具有比基本的交互命令提示符更好的复制、粘贴和回行等功能）。除此之外，IDLE 还有一个针对 Python 的编辑器（无代码合并，但有语法标签高亮和代码自动完成功能）、类浏览器和调试器。菜单为 Tk“剥离”式，也就是单击顶部任意下拉菜单的虚线会将该菜单提升到它自己的永久窗口中去。特别是“Edit”菜单，将其“停靠”在桌面一角非常实用。IDLE 的调试器提供断点、步进和变量监视功能，以及内存地址和变量内存数或进行同步和其他分析功能等一些更受用户欢迎的功能。Python 3.7.0 IDLE 界面如图 1-3 所示。

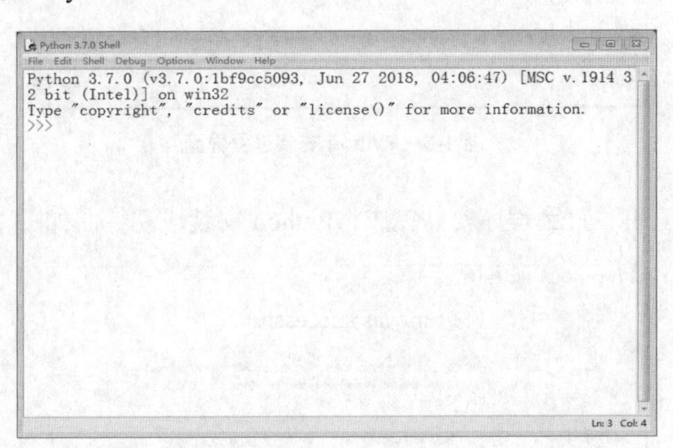

图 1-3　Python 3.7.0 IDLE 界面

1.2.2　Python 开发环境安装

学习 Python 首先需要安装开发环境。安装后会得到 Python 解释器，它负责运行 Python 程序。Python 可以在命令行交互环境下或简单的集成开发环境下运行。

目前，Python 有两个版本，分别是 2.x 版本和 3.x 版本，这两个版本并不兼容。由于 3.x 版本越来越普及，本书以最新的 Python 3.7 版本为基础。

安装前要确定 Windows 操作系统的版本（32 位或 64 位），然后从 Python 官网下载对应的 Python 安装程序并安装，安装界面如图 1-4 所示。

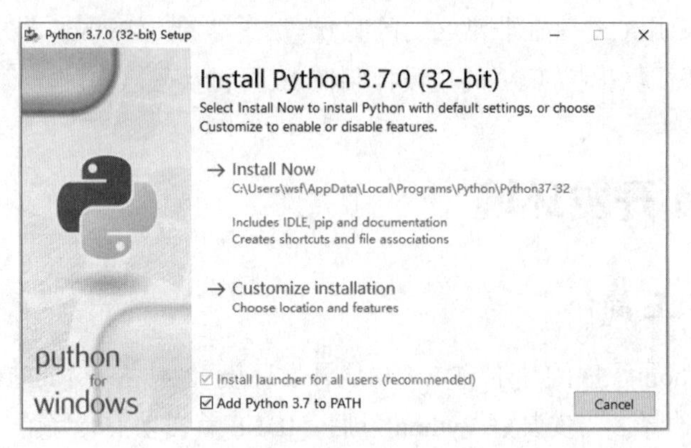

图 1-4　Python 安装界面

安装前要注意把“Add Python 3.7 to PATH”选上，这样省去了手动配置环境变量的麻烦。选中后单击“Install Now”按钮开始默认安装，安装的过程界面如图 1-5 所示。

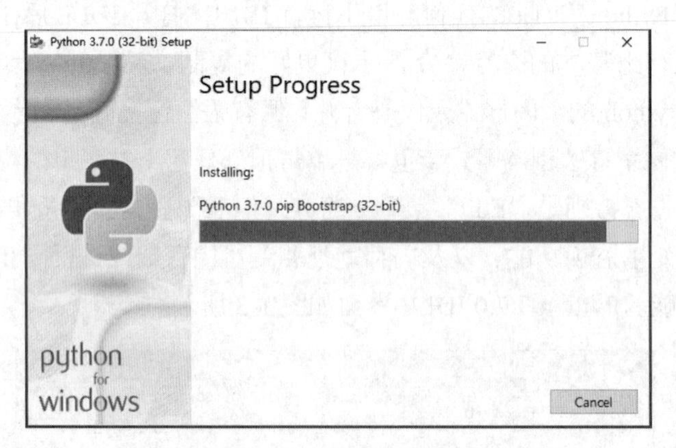

图 1-5　Python 安装过程界面

安装程序会自动安装，直到程序安装完成，Python 安装成功界面如图 1-6 所示。

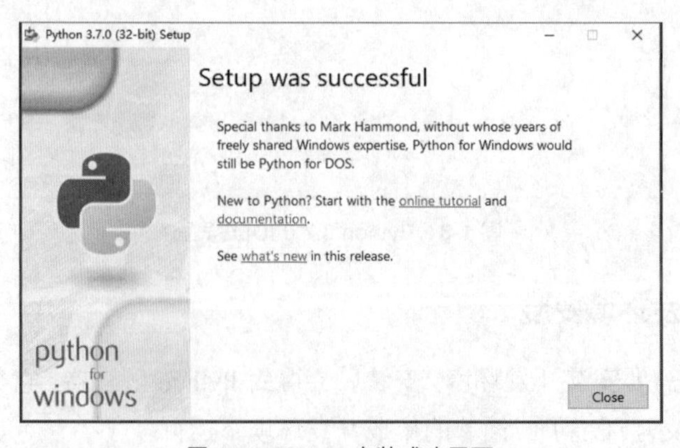

图 1-6　Python 安装成功界面

1.2.3 启动 Python

Python 安装完成后，通过 cmd 打开命令提示符窗口，输入“Python”后回车，出现图 1-7 所示的界面，表明开发环境安装配置成功。

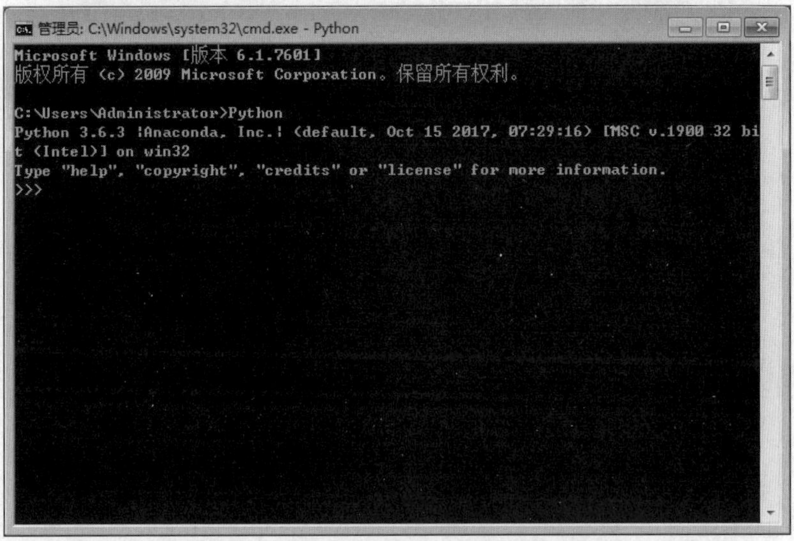

```
管理员: C:\Windows\system32\cmd.exe - Python
Microsoft Windows [版本 6.1.7601]
版权所有 (c) 2009 Microsoft Corporation。保留所有权利。

C:\Users\Administrator>Python
Python 3.6.3 |Anaconda, Inc.| (default, Oct 15 2017, 07:29:16) [MSC v.1900 32 bi
t (Intel)] on win32
Type "help", "copyright", "credits" or "license" for more information.
>>>
```

图 1-7 测试 Python 安装及配置是否成功

假如得到一个错误：'Python' 不是内部或外部命令，也不是可运行的程序或批处理文件。这是因为 Windows 会根据 Path 环境变量设定的路径去查找 Python.exe，如果没找到就会报错，这也是为什么安装时强调把“Add Python 3.7 to PATH”选项选上的原因，选上后安装程序自动为我们配置了 Python 运行所需要的环境变量。

1.2.4 运行 Python 程序

1. 交互式编程

交互式编程不需要创建脚本文件，是通过 Python 解释器的交互模式来编写代码的。在 Windows 操作系统中，打开默认的交互式 IDE - IDLE。

进入交互式环境后，输入以下文本信息，然后按 Enter 键，运行效果如下所示。

```
>>> print("Hello World!")
Hello World!
>>>
```

2. 脚本式编程

通过脚本参数调用解释器开始执行脚本，直到脚本执行完毕。当脚本执行完成后，解释器不再有效。

下面写一个简单的 Python 脚本程序，所有 Python 文件将以.py 为扩展名。将以下源代码输入 firstproc.py 文件中。

```
print("Hello World!")
```

打开 cmd 命令提示符，切换至 firstproc.py 所在目录（例如：E:\），使用以下命令执行脚本：

```
Python firstproc.py
```

运行结果如图 1-8 所示。

图 1-8 firstproc.py 运行结果

3. Python IDLE

（1）新建文件

单击“File”→“New File”打开一个新的窗口，并输入程序。

```
print("Hello World!")
```

（2）保存程序

在 IDLE 编写完程序后，在菜单里依次选择“File”→“Save”（或者用 Ctrl+S 组合键）来进行保存，首次保存时会弹出文件对话框，要求用户输入保存的文件名。此时保存的文件名为 firstproc.py。

（3）运行程序

文件编辑完成后，可以按 F5 键运行程序，或单击“Run”→“Run Module”菜单项。

1.3 Python 其他开发环境

1. Anaconda 简介

Anaconda 是一个用于科学计算的 Python 发行版，支持 Linux、Mac、Windows 系统，包含了众多流行的科学计算、数据分析的 Python 包。此外，Anaconda 提供了包管理与环境管理的功能，可以很方便地解决多版本 Python 并存、切换以及各种第三方包的安装问题。Anaconda 利用工具/命令 conda 来进行 package 和 environment 的管理，并且已经包含了 Python 及其相关的配套工具。

与其说 Anaconda 是一个 IDE，还不如说它是一个 Python 环境。Anaconda 中包含 Numpy、Pandas、Matplotlib 等库，所以说利用 Anaconda 可以避免让用户将过多的精力花在环境搭建上，从而快速进入 Python、数据分析、机器学习等领域的探索当中。

2. Eclipse+PyDev

Eclipse是一款基于Java的可扩展开发平台，其官方下载中包括Java SE、Java EE、Java ME等诸多版本。除此之外，Eclipse还可以通过安装插件的方式进行诸如Python、Android、PHP等语言的开发。

PyDev是一个功能强大的Eclipse插件，用户可以完全利用Eclipse来进行Python应用程序的开发和调试。它能够将Eclipse当作Python IDE。PyDev插件的出现方便了众多的Python开发人员，它提供了一些很好的功能，如：语法错误提示、源代码编辑助手、Quick Outline、Globals Browser、Hierarchy View、运行和调试等。PyDev基于Eclipse平台，拥有诸多强大的功能，同时也非常易于使用，它的这些特性使其越来越受到人们的关注。

Eclipse+PyDev对IDLE进行了封装，提供了强大的功能，非常适合开发大型项目。

1.4 习题

1. 简述Python语言的特点。
2. 简述Python语言的应用领域。
3. 编写一个简单的Python程序，输出本书的相关信息（包括书名、出版社、作者等信息）。

02 第2章　语法基础

Python 作为一门编程语言，开发过程中离不开常量和变量定义、数据类型及数据类型转换、运算符和表达式等内容，本章将从 Python 的基本数据类型、运算符和表达式等方面讲解 Python 的基本语法。

2.1　基本数据类型

2.1.1　常量和变量

常量一般是指不需要改变也不能改变的字面值，常量一旦初始化之后就不能修改。例如：数字 5、字符串 abc 都是常量。Python 中并没有提供定义常量的保留字。

变量是计算机内存中的一块区域，变量可以存储规定范围内的值，而且值可以改变。基于变量的数据类型，解释器会分配指定内存，并决定什么数据可以被存储在内存中。与变量对比，常量是一块只读的内存区域，所以，常量一旦被初始化就不能被改变。

Python 中的变量不需要声明，变量的赋值操作即变量的声明和定义的过程。每个变量在内存中创建都包括变量的标识、名称和数据等信息，如图 2-1 所示。

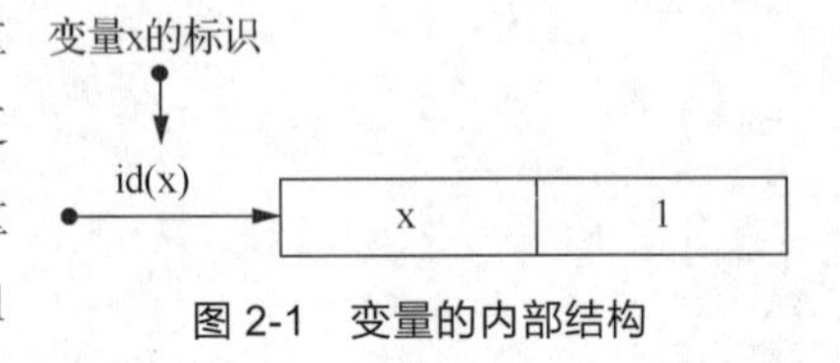

图 2-1　变量的内部结构

变量操作可参见例 2-1。

【例 2-1】变量操作。具体代码如下。

程序代码：

```
# 例 2-1 变量操作
num = 1
# 输出变量 num 的值
print("num = " + str(num))
# 输出表达式（num + 1）的值
print("num + 1 = " + str(num + 1))
```

运行结果：

```
num = 1
num + 1 = 2
```

注：（1）#为行注释符号，#后的内容为代码注释，方便读者阅读和理解代码。

（2）在 print("num = " + str(x))代码语句中，+为字符串连接符，str()函数一般把数值转换为字符串。

上例中有一条赋值语句 num = 1，在 Python 中一次新的赋值，将创建一个新的变量。即使变量的名称相同，变量的标识（变量的内存地址）并不同。

变量赋值可参见例 2-2。

【例 2-2】变量赋值。具体代码如下。

程序代码：

```
# 例 2-2 变量赋值
print("========第一次赋值========")
# 变量 num 第一次赋值
num = 1
# 输出变量 num 的值
print("num = " + str(num))
# 打印变量 num 的标识（地址）
print("id(num) = " + str(id(num)))

print("========第二次赋值========")
# 变量 num 再次赋值，定义一个新变量 num
num = 2
# 输出变量 num 的值
print("num = " + str(num))
# 此时的变量 num 已经是一个新的变量
print("id(num) = " + str(id(num)))
```

运行结果：

```
========第一次赋值========
num = 1
id(num) = 2013018368
========第二次赋值========
num = 2
id(num) = 2013018384
```

注：id(object)，返回对象 object 的内存地址。

变量不仅能重新赋相同类型的值，还可以赋新类型的值。把上例中的变量 num 赋值为字符串，此时 num 又将成为一个新的变量，而且变量类型也由于所赋值的数据类型改变而改变。

【例 2-3】变量赋值不同类型。具体代码如下。

程序代码：

```
# 例 2-3 变量赋值不同类型
print("========第一次赋值========")

# 变量 var 第一次赋值
var = 1
```

```
# 输出变量 var 的值
print("var = " + str(var))
# 打印变量 var 的标识
print("id(var) = " + str(id(var)))

print("========第二次赋值========")
# 变量 var 再次赋值，定义一个新变量 var
var = 2
# 输出变量 var 的值
print("var = " + str(var))
# 此时的变量 var 已经是一个新的变量
print("id(var) = " + str(id(var)))

print("========第三次赋值========")
# 变量 var 再次赋值为字符串类型，定义一个新变量 var
var = "Python"
# 输出变量 var 的值
print("var = " + var)
# 此时的变量 var 已经是一个新的变量
print("id(var) = " + str(id(var)))
```

运行结果：

```
========第一次赋值========
var = 1
id(var) = 2013018368
========第二次赋值========
var = 2
id(var) = 2013018384
========第三次赋值========
var = Python
id(var) = 6872512
```

注：不同的系统（不同的计算机），运行的结果是不同的，这里的不同是指 id(var)的数值不同，也就是变量的内存地址有差异，但对应的变量值是一样的。

在 Python 中定义变量名的时候，需要遵循以下规则。

（1）变量必须以字符（大小写字母和中文均可）、下划线（_）开头。

虽然 Python 3.x 的变量名支持中文，但建议最好不要使用中文作为变量名，这样不但在编写程序时输入麻烦，而且会降低程序的可移植性，更不符合程序员的编码习惯。

（2）变量只能由字符、数字、下划线组成。

（3）变量区分大小写。

（4）变量不能与 Python 内建的保留字相同。Python 3.7.0 的保留字如表 2-1 所示。

表 2-1　　Python 3.7.0 的保留字

False	None	True	and	as
assert	async	await	break	class
continue	def	del	elif	else

续表

except	finally	for	from	global
if	import	in	is	lambda
nonlocal	not	or	pass	raise
return	try	while	with	yield

Python 3.7.0 的保留字可以通过如下指令获取：

```
>>> import keyword
>>> keyword.kwlist
```

运行结果：

```
['False', 'None', 'True', 'and', 'as', 'assert', 'async', 'await', 'break', 'class', 'continue', 'def', 'del', 'elif', 'else', 'except', 'finally', 'for', 'from', 'global', 'if', 'import', 'in', 'is', 'lambda', 'nonlocal', 'not', 'or', 'pass', 'raise', 'return', 'try', 'while', 'with', 'yield']
```

如上所示，Python 3.7.0 共计 35 个保留字，可以通过一个程序计算保留字的个数。计算保留字个数的例子参见例 2-4。

【例 2-4】计算 Python 保留字的个数。具体代码如下。

程序代码：

```
# 例 2-4 计算 Python 保留字的个数
# 引入保留字模块 keyword
import keyword

# 保留字保存在列表中
list = keyword.kwlist
# 计数变量 count 赋初值
count = 0

#列表遍历，计算保留字总数
for i in list:
    count = count + 1

print("Python 3.7.0 的保留字共", count, "个。")
```

运行结果：

```
Python 3.7.0 的保留字共 35 个。
```

注：keyword 为 Python 保留字（关键字）模块，除了例子中的 kwlist 序列外，还有一个 iskeyword(s) 函数，可以判断一个字符串是否是保留字。

在 Python 中定义变量名的时候，需要遵循以下常用惯例。

（1）单一下划线开头命名的变量不会被 from mudle import * 语句导入。

（2）前后有下划线的变量名是系统变量，对解释器有特殊含义。

（3）以两个下划线开头，但是没有下划线结尾的变量是类的本地变量。

（4）通过交互模式运行时，只有单一下划线开头的变量会保存最后表达式运算的结果。

（5）类变量名通常以大写字母开头，模块变量名通常以小写字母开头。

（6）self 虽然不是保留字，但是在类中有特殊含义。

表 2-2 所示为一些不合法变量名称的示例。

表 2-2　　不合法变量示例

序号	变量名称	说明
1	3three	第一个字符不能是数字
2	Hello&World	不能包含特殊字符“&”
3	Hello World	不能包含空格符
4	if	Python 的保留字

2.1.2 数字类型

在 Python 中，内置的数字类型有整数、实数和复数。

1. 整数

整数是不带小数部分的数字。包括正整数、0 和负整数，如：1000、0、-5 等。

在 32 位机器上，整数的位数为 32 位，取值范围为-2^{31}～$2^{31}-1$，即-2147483648～2147483647。在 64 位系统上，整数的位数为 64 位，取值范围为-2^{63}～$2^{63}-1$，即-9223372036854775808～9223372036854775807。

整数又分为十进制整数、二进制整数、八进制整数和十六进制整数，具体如下。

① 十进制表示：Python 中突破了计算机中存储空间的限制，可以表示一个很大的数。

② 二进制表示：0b（0B）开头，后跟 0～1，如 0b110（十进制整数 6）。

③ 八进制表示：0o（0O）开头，后跟 0～7，如 0o177（十进制整数 127）、0o11（十进制整数 9）。

④ 十六进制表示：0x（0X）开头，后跟 0～9、A～F 或 a～f，如 0x11（十进制整数 17）、0xFF（十进制整数 255）和 0x1AB（十进制整数 427）。

数字类型的使用可参见例 2-5。

【例 2-5】数字类型之整数（二、八、十、十六进制）。具体代码如下。

程序代码：

```
# 例 2-5 数字类型之整数（二、八、十、十六进制）
print("========十进制整数========")
num1 = 1000
num2 = 0
num3 = -5

print("num1 = " + str(num1)) #十进制
print("num2 = " + str(num2)) #十进制
print("num3 = " + str(num3)) #十进制

print("========二进制整数========")
num1 = 0b110
# 对应十进制数值
```

```
print("num1 = " + str(num1))

print("========八进制整数========")
num1 = 0o177
num2 = 0o11
# 对应十进制数值
print("num1 = " + str(num1))
# 对应十进制数值
print("num2 = " + str(num2))

print("========十六进制整数========")
num1 = 0x11
num2 = 0xFF
num3 = 0x1AB
# 对应十进制数值
print("num1 = " + str(num1))
# 对应十进制数值
print("num2 = " + str(num2))
# 对应十进制数值
print("num3 = " + str(num3))
```

运行结果：

```
========十进制整数========
num1 = 1000
num2 = 0
num3 = -5
========二进制整数========
num1 = 6
========八进制整数========
num1 = 127
num2 = 9
========十六进制整数========
num1 = 17
num2 = 255
num3 = 427
```

Python 语言在设计之初为了减少频繁申请和销毁内存的资源开销，规定了[-5, 256]中的整数全部常驻在内存中且不会被垃圾回收，只能增减引用计数，这就是小整数对象池，池外的数在创建时每次都得申请新的内存空间，而不是增加引用计数。例子如下（此例子在交互命令下测试）：

```
>>> num1 = 256
>>> num2 = 256
>>> print(id(num1),id(num2))
1425098992 1425098992
>>> num1 = 257
>>> num2 = 257
>>> print(id(num1),id(num2))
35649984 35651360
```

2. 实数

实数也称为浮点数，即带有小数的数字。类似其他语言中的 double 类型，占 8 个字节（64 位），其中 52 位表示底，11 位表示指数，剩下的一位表示符号。实数可以有小数形式和科学计数法两种形式。

① 小数形式：如 3.14、-1.414、0.14、3.和.14 等。

② 科学计数法：小数 e/E（正负号）指数，如 3.14E-1、-2.58e+2。

实数操作如例 2-6 所示。

【例 2-6】数字类型之实数。具体代码如下。

程序代码：

```
# 例 2-6 数字类型之实数
print("========实数之小数形式========")
num1 = 3.14
num2 = -1.414
num3 = 3.
# 打印实数 num1 的值
print("num1 = " + str(num1))
# 打印实数 num2 的值
print("num2 = " + str(num2))
# 打印实数 num3 的值
print("num3 = " + str(num3))

print("========实数之科学计数法========")
num1 = 3.14E-1
num2 = -2.58e+2
# 打印实数 num1 的值
print("num1 = " + str(num1))
# 打印实数 num2 的值
print("num2 = " + str(num2))
```

运行结果：

```
========实数之小数形式========
num1 = 3.14
num2 = -1.414
num3 = 3.0
========实数之科学计数法========
num1 = 0.314
num2 = -258.0
```

3. 复数

复数由实数部分和虚数部分组成，一般形式为 $a+bj$，其中的 a 是复数的实数部分，b 是复数的虚数部分，这里的 a 和 b 都是实数。

复数操作如例 2-7 所示。

【例 2-7】数字类型之复数。具体代码如下。

程序代码：

```
# 例 2-7 数字类型之复数
complex1 = 1 + 2j
complex2 = 2 + 3j

print("========复数的值========")
print("complex1 = " + str(complex1))
print("complex2 = " + str(complex2))

print("========复数加法========")
print("complex1 + complex2 = " + str(complex1 + complex2))

print("========复数减法========")
print("complex1 - complex2 = " + str(complex1 - complex2))

print("========复数乘法========")
print("complex1 * complex2 = " + str(complex1 * complex2))

print("========复数除法========")
print("complex1 / complex2 = " + str(complex1 / complex2))
```

运行结果：

```
========复数的值========
complex1 = (1+2j)
complex2 = (2+3j)
========复数加法========
complex1 + complex2 = (3+5j)
========复数减法========
complex1 - complex2 = (-1-1j)
========复数乘法========
complex1 * complex2 = (-4+7j)
========复数除法========
complex1 / complex2 = (0.6153846153846154+0.07692307692307691j)
```

2.1.3 布尔类型

Python 的布尔（bool）数据类型只有两个值：True 和 False（T 和 F 都大写），True 和 False 对应的值为 1 和 0。这种变量一般用在条件运算，程序根据布尔变量的值来判断进行何种操作。

布尔类型操作如例 2-8 所示。

【例 2-8】数据类型之布尔类型。具体代码如下。

程序代码：

```
# 例 2-8 数据类型之布尔类型
flag1 = True
flag2 = False
print("========布尔变量的值========")
```

```
print("flag1 = " + str(flag1))
print("flag2 = " + str(flag2))

print("========布尔值与整数关系========")
print(1 == flag1)
print(0 == flag2)

print("========布尔值与整数运算========")
print(10 + flag1 + flag2)
```

运行结果：

```
========布尔变量的值========
flag1 = True
flag2 = False
========布尔值与整数关系========
True
True
========布尔值与整数运算========
11
```

2.1.4 字符串

字符串是 Python 中最常用的数据类型。可以使用单引号、双引号或三引号来创建字符串，并且不同的限定符之间可以互相嵌套。使用双引号限定的字符串中可以包含单引号，而使用单引号限定的字符串中可以包含双引号，使用三引号限定的字符串中可以包含双引号和单引号。

创建字符串很简单，只要为变量分配一个值即可。例如：

```
str1 = 'Hello World!'
str2 = "Python"
```

Python 不支持单字符类型，单字符在 Python 中也是作为一个字符串使用。例如：

```
strChar1='a'
strChar2 = ''B''
```

在最新的 Python 3 版本中，字符串是以 Unicode 编码的，也就是说，Python 的字符串支持多语言，字符串可以支持中文。例如：

```
strChinese= '中文'
```

Python 字符串除了使用“+”运算符进行字符串连接、使用“*”运算符对字符串进行重复之外，还提供了大量的方法支持查找、替换和格式化等操作，很多内置函数和标准库对象也支持对字符串的操作。字符串创建、连接和重复的基本操作例子如下。

字符串使用如例 2-9 所示。

【例 2-9】数据类型之字符串类型。具体代码如下。

程序代码：

```
# 例 2-9 数据类型之字符串类型
print("========单引号创建字符串========")
str1 = 'Python.'
```

```
print("str1 = " + str1)

print("========单引号嵌套双引号========")
str2 = 'I like "Python".'
print("str2 = " + str2)

print("========双引号创建字符串========")
str3 = "Python,too."
print("str3 = " + str3)

print("========双引号嵌套单引号========")
str4 = "I like 'Python',too."
print("str4 = " + str4)

print("========三引号创建字符串========")
str5 = '''I said,"I like Python."'''
print("str5 = " + str5)

str6 = """I said,'I like Python,too.'"""
print("str6 = " + str6)

print("========字符串连接========")
str7 = "I like"
str8 = 'Python.'
print(str7 + " " + str8)

print("========字符串重复========")
str9 = "I like"
str10 = 'Python.'
print(str9 + " " + (str10 * 3)) #'Python.'重复 3 次
```

运行结果：

```
========单引号创建字符串========
str1 = Python.
========单引号嵌套双引号========
str2 = I like "Python".
========双引号创建字符串========
str3 = Python,too.
========双引号嵌套单引号========
str4 = I like 'Python',too.
========三引号创建字符串========
str5 = I said,"I like Python."
str6 = I said,'I like Python,too.'
========字符串连接========
I like Python.
```

```
========字符串重复========
I like Python.Python.Python.
```

2.1.5 数据类型转换

Python 的数据类型非常重要，通常情况下只有相同类型的数据才能进行运算。Python 具有简单的数据类型自动转换功能，如果是整数与实数运算，系统会先将整数转换为实数再运算，运算结果为实数。

若是数值与布尔值运算，系统会先将布尔值转换为数值再运算，即把 True 转换为 1，False 转换为 0。

```
num2 = 5 + True #结果为 6，整数
```

如果系统无法自动进行数据类型转换，就要用数据类型转换命令进行强制转换。Python 的强制数据类型转换命令有：

（1）int()：强制转换为整数。

（2）float()：强制转换为实数。

（3）str()：强制转换为字符串类型。

数据类型转换操作如例 2-10 所示。

【例 2-10】 数据类型转换。具体代码如下。

程序代码：

```
# 例 2-10 数据类型转换
print("========整数自动转换为实数========")
num1 = 5 + 7.8

print("========整数强制转换为字符串========")
print("num1 = " + str(num1))

print("========布尔值自动转换为整数========")
num2 = 5 + True
print("num2 = " + str(num2))

print("========字符串强制转换为整数========")
num3 = 5 + int("2")
print("num3 = " + str(num3))

print("========实数强制转换为字符串========")
num4 = 99.
print("成绩为：" + str(num4))
```

运行结果：

```
========整数自动转换为实数========
========整数强制转换为字符串========
num1 = 12.8
========布尔值自动转换为整数========
num2 = 6
```

```
========字符串强制转换为整数========
num3 = 7
========实数强制转换为字符串========
成绩为：99.0
```

2.2 运算符与表达式

在 Python 中，运算符是执行算术或逻辑等运算的特殊符号，操作的值被称为操作数。运算符根据操作数的个数分为单目运算符和双目运算符。单目运算符只有一个操作数，双目运算符具有两个操作数。

Python 除了支持算术运算符、关系运算符、逻辑运算符等常见运算符外，还支持一些特有的运算符，如成员测试运算符、集合运算符、统一性测试运算符等。Python 很多运算符具有多种不同的含义，作用于不同类型的操作数时含义并不完全相同，使用非常灵活。

在 Python 中，单个常量或变量可以看作是最简单的表达式，使用运算符连接的式子也属于表达式，在表达式中也可以包含函数调用。

2.2.1 算术运算符

用于执行普通数学运算的运算符称为"算术运算符"。Python 算术运算符如表 2-3 所示。

表 2-3　算术运算符

运算符	意义	示例	结果
+	两个操作数相加	7 + 2	9
-	两个操作数相减	7 - 2	5
*	两个操作数相乘	7 * 2	14
/	两个操作数相除	7 / 2	3.5
%	取余	7 % 2	1
//	取商的整数部分	7 // 2	3
**	（操作数 1）的（操作数 2）次方（幂）	7 ** 2	49

算术运算符操作如例 2-11 所示。

【例 2-11】算术运算符。具体代码如下。

程序代码：

```
# 例 2-11 算术运算符
num1 = 7
num2 = 2

print("========算术运算符之+========")
print("num1 + num2 = " + str(num1 + num2))

print("========算术运算符之-========")
print("num1 - num2 = " + str(num1 - num2))
```

```
print("========算术运算符之*========")
print("num1 * num2 = " + str(num1 * num2))

print("========算术运算符之/========")
#Python 2.x 结果为 3
print("num1 / num2 = " + str(num1 / num2))

print("========算术运算符之%========")
print("num1 % num2 = " + str(num1 % num2))

print("========算术运算符之//========")
print("num1 // num2 = " + str(num1 // num2))

print("========算术运算符之**========")
print("num1 ** num2 = " + str(num1 ** num2))
```

运行结果：

```
========算术运算符之+========
num1 + num2 = 9
========算术运算符之-========
num1 - num2 = 5
========算术运算符之*========
num1 * num2 = 14
========算术运算符之/========
num1 / num2 = 3.5
========算术运算符之%========
num1 % num2 = 1
========算术运算符之//========
num1 // num2 = 3
========算术运算符之**========
num1 ** num2 = 49
```

注："/""%"及"//"这三个运算符与除法相关，所以第二个操作数不能为 0，否则提示"ZeroDivisionError"错误。

2.2.2 关系运算符

关系运算符用于两个表达式的比较，若比较结果为真，返回 True；若比较结果为假，则返回 False。Python 关系运算符如表 2-4 所示。

表 2-4　　关系运算符

运算符	意义	示例	结果
==	等于（表达式 1 是否等于表达式 2）	7 == 2	False
!=	不等于（表达式 1 是否不等于表达式 2）	7 != 2	True
>	大于（表达式 1 是否大于表达式 2）	7 > 2	True
<	小于（表达式 1 是否小于表达式 2）	7 < 2	False
>=	大于等于（表达式 1 是否大于等于表达式 2）	7 >= 2	True
<=	小于等于（表达式 1 是否小于等于表达式 2）	7 <= 2	False

关系运算符操作如例 2-12 所示。

【例 2-12】关系运算符。具体代码如下。

程序代码：

```
# 例 2-12 关系运算符
num1 = 7
num2 = 2

print("========关系运算符之（==）========")
print("num1 == num2 :  " + str(num1 == num2))

print("========关系运算符之（!=）========")
print("num1 != num2 :  " + str(num1 != num2))

print("========关系运算符之（>）========")
print("num1 > num2 :  " + str(num1 > num2))

print("========关系运算符之（<）========")
print("num1 < num2 :  " + str(num1 < num2))

print("========关系运算符之（>=）========")
print("num1 >= num2 :  " + str(num1 >= num2))

print("========关系运算符之（<=）========")
print("num1 <= num2 :  " + str(num1 <= num2))
```

运行结果：

```
========关系运算符之（==）========
num1 == num2 :  False
========关系运算符之（!=）========
num1 != num2 :  True
========关系运算符之（>）========
num1 > num2 :  True
========关系运算符之（<）========
num1 < num2 :  False
========关系运算符之（>=）========
num1 >= num2 :  True
========关系运算符之（<=）========
num1 <= num2 :  False
```

2.2.3　逻辑运算符

用于逻辑运算的运算符称为逻辑运算符，又称为布尔运算符。逻辑运算符用于得到一个或多个比较表达式（True 或者 False）进行逻辑运算的结果。Python 逻辑运算符如表 2-5 所示。

表 2-5 逻辑运算符

运算符	意义	示例	结果
not	逻辑非，操作数为 True 时，表达式为 False；操作数为 False 时，表达式为 True	not(True)	False
		not(False)	True
and	逻辑与，两个操作数都为 True 时，表达式结果为 True，否则结果为 False	True and True	True
		True and False	False
		False and True	False
		Flase and False	False
or	逻辑或，两个操作数中任意一个为 True，表达式结果就为 True；两个操作数同时为 False 时，表达式为 False	True or True	True
		True or False	True
		False or True	True
		Flase or False	False

逻辑运算符操作如例 2-13 所示。

【例 2-13】逻辑运算符。具体代码如下。

程序代码：

```
# 例 2-13 逻辑运算符
print("========逻辑运算符之（not）========")
flag1 = True
flag2 = False
print("not(flag1) : " + str(not(flag1)))
print("not(flag2) : " + str(not(flag2)))

print("========逻辑运算符之（and）========")
flag1 = True
flag2 = False
flag3 = True
flag4 = False
print("flag1 and flag3 : " + str(flag1 and flag3))
print("flag1 and flag4 : " + str(flag1 and flag4))
print("flag2 and flag3 : " + str(flag2 and flag3))
print("flag2 and flag4 : " + str(flag2 and flag4))

print("========逻辑运算符之（or）========")
flag1 = True
flag2 = False
flag3 = True
flag4 = False
print("flag1 or flag3 : " + str(flag1 or flag3))
print("flag1 or flag4 : " + str(flag1 or flag4))
print("flag2 or flag3 : " + str(flag2 or flag3))
print("flag2 or flag4 : " + str(flag2 or flag4))
```

运行结果：

```
========逻辑运算符之（not）========
not(flag1) : False
not(flag2) : True
========逻辑运算符之（and）========
```

```
flag1 and flag3 : True
flag1 and flag4 : False
flag2 and flag3 : False
flag2 and flag4 : False
========逻辑运算符之（or）========
flag1 or flag3 : True
flag1 or flag4 : True
flag2 or flag3 : True
flag2 or flag4 : False
```

2.2.4 位运算符

位运算符是把数字看作二进制来进行计算的。Python 的位运算符如表 2-6 所示（0b 表示二进制）。

表 2–6 位运算符

运算符	意义	示例	结果
&	按位与	7 & 2	2(0b10)
|	按位或	7 | 2	7(0b111)
~	按位取反	~ 7	-8(-0b1000)
^	按位异或	7 ^ 2	5(0b101)
>>	按位右移	7 >> 2	1(0b1)
<<	按位左移	7 << 2	28(0b11100)

位运算符操作如例 2-14 所示。

【例 2-14】位运算符。具体代码如下。

程序代码

```
# 例 2-14 位运算符
print("========二进制========")
num1 = 7
num2 = 2
# bin()函数为转换为二进制
print("num1 = " + str(bin(num1)))
print("num2 = " + str(bin(num2)))

print("========位运算符之（&）========")
num1 = 7
num2 = 2
print("num1 & num2 = " + str(bin(num1 & num2)))
print("num1 & num2 = " + str(num1 & num2))

print("========位运算符之（|）========")
num1 = 7
num2 = 2
print("num1 | num2 = " + str(bin(num1 | num2)))
print("num1 | num2 = " + str(num1 | num2))

print("========位运算符之（~）========")
```

```
num1 = 7
print("~ num1 = " + str(bin(~ num1)))
print("~ num1 = " + str(~ num1))

print("========位运算符之（^）========")
num1 = 7
num2 = 2
print("num1 ^ num2 = " + str(bin(num1 ^ num2)))
print("num1 ^ num2 = " + str(num1 ^ num2))

print("========位运算符之（>>）========")
num1 = 7
num2 = 2
print("num1 >> num2 = " + str(bin(num1 >> num2)))
print("num1 >> num2 = " + str(num1 >> num2))

print("========位运算符之（<<）========")
num1 = 7
num2 = 2
print("num1 << num2 = " + str(bin(num1 << num2)))
print("num1 << num2 = " + str(num1 << num2))
```

运行结果：

```
========二进制========
num1 = 0ab111
num2 = 0b10
========位运算符之（&）========
num1 & num2 = 0b10
num1 & num2 = 2
========位运算符之（|）========
num1 | num2 = 0b111
num1 | num2 = 7
========位运算符之（~）========
~ num1 = -0b1000
~ num1 = -8
========位运算符之（^）========
num1 ^ num2 = 0b101
num1 ^ num2 = 5
========位运算符之（>>）========
num1 >> num2 = 0b1
num1 >> num2 = 1
========位运算符之（<<）========
num1 << num2 = 0b11100
num1 << num2 = 28
```

2.2.5 赋值运算符

赋值运算符用于为变量赋值，例如 num = 7，是一个简单的赋值运算符，它将右侧的值 7 分配给左侧的变量 num。

在 Python 中，有各种各样的复合赋值运算符，例如：num += 7，先将变量 num 的值与 7 相加，再将最终结果分配给变量 num，等价于：num = num + 7。

Python 的赋值运算符如表 2-7 所示（以 num = 7 为例）。

表 2–7　　　　赋值运算符

运算符	示例	等价于	结果
=	num = 7	num = 7	7
+=	num += 2	num = num + 2	9
−+	num −= 2	num = num − 2	5
*=	num *= 2	num = num * 2	14
/=	num /= 2	num = num / 2	3.5
%=	num %= 2	num = num % 2	1
//=	num //= 2	num = num // 2	3
**=	num **= 2	num = num ** 2	49
&=	num &= 2	num = num & 2	2
|=	num |= 2	num = num | 2	7
^=	num ^= 2	num = num ^ 2	5
>>=	num >>= 2	num = num >> 2	1
<<=	num <<= 2	num = num << 2	28

赋值运算符如例 2-15 所示。

【例 2-15】赋值运算符。具体代码如下。

程序代码：

```
# 例 2-15 赋值运算符
print("========赋值运算符之（=）========")
num1 = 7
print("num1 = " + str(num1))

print("========赋值运算符之（+=）========")
num1 = 7
num1 += 2
print("num1 = " + str(num1))

print("========赋值运算符之（-=）========")
num1 = 7
num1 -= 2
print("num1 = " + str(num1))

print("========赋值运算符之（*=）========")
num1 = 7
num1 *= 2
print("num1 = " + str(num1))

print("========赋值运算符之（/=）========")
num1 = 7
num1 /= 2
print("num1 = " + str(num1))
```

```
print("========赋值运算符之（%=）========")
num1 = 7
num1 %= 2
print("num1 = " + str(num1))

print("========赋值运算符之（//=）========")
num1 = 7
num1 //= 2
print("num1 = " + str(num1))

print("========赋值运算符之（**=）========")
num1 = 7
num1 **= 2
print("num1 = " + str(num1))

print("========赋值运算符之（&=）========")
num1 = 7
num1 &= 2
print("num1 = " + str(num1))

print("========赋值运算符之（|=）========")
num1 = 7
num1 |= 2
print("num1 = " + str(num1))

print("========赋值运算符之（^=）========")
num1 = 7
num1 ^= 2
print("num1 = " + str(num1))

print("========赋值运算符之（>>=）========")
num1 = 7
num1 >>= 2
print("num1 = " + str(num1))

print("========赋值运算符之（<<=）========")
num1 = 7
num1 <<= 2
print("num1 = " + str(num1))
```

运行结果：

```
========赋值运算符之（=）========
num1 = 7
========赋值运算符之（+=）========
num1 = 9
========赋值运算符之（-=）========
num1 = 5
========赋值运算符之（*=）========
```

```
num1 = 14
========赋值运算符之（/=）========
num1 = 3.5
========赋值运算符之（%=）========
num1 = 1
========赋值运算符之（//=）========
num1 = 3
========赋值运算符之（**=）========
num1 = 49
========赋值运算符之（&=）========
num1 = 2
========赋值运算符之（|=）========
num1 = 7
========赋值运算符之（^=）========
num1 = 5
========赋值运算符之（>>=）========
num1 = 1
========赋值运算符之（<<=）========
num1 = 28
```

2.2.6　成员运算符

Python 除了基本运算符之外，还支持成员运算符，测试实例中包含了一系列的成员，包括字符串、列表或元组。Python 的成员运算符如表 2-8 所示。

表 2–8　成员运算符

运算符	意义	示例	结果
in	如果在指定的序列中找到值返回 True，否则返回 False	"P" in "Python" "p" in "Python"	True False
not in	如果在指定的序列中没有找到值返回 True，否则返回 False	"P" not in "Python" "p" not in "Python"	False True

成员运算符操作如例 2-16 所示。

【例 2-16】成员运算符。具体代码如下。

程序代码：

```
# 例 2-16 成员运算符
str2 = "Python"

print("========成员运算符之（in）========")
str1 = "P"
print("str1 in str2 = " + str(str1 in str2))

str1 = "p"
print("str1 in str2 = " + str(str1 in str2))

print("========成员运算符之（not in）========")
str1 = "P"
```

```
print("str1 not in str2 = " + str(str1 not in str2))

str1 = "p"
print("str1 not in str2 = " + str(str1 not in str2))
```

运行结果：

```
========成员运算符之（in）========
str1 in str2 = True
str1 in str2 = False
========成员运算符之（not in）========
str1 not in str2 = False
str1 not in str2 = True
```

2.2.7 身份运算符

身份运算符比较两个对象的内存位置，也称作同一性运算符。Python 的身份运算符如表 2-9 所示。

表 2–9 身份运算符

运算符	意义	示例	结果
is	判断两个标识符是不是引用自同一个对象，类似 id(x) == id(y)	7 is 7 7 is 2	True False
is not	判断两个标识符是不是引用自不同对象，类似 id(x) != id(y)	7 is not 7 7 is not 2	False True

身份运算符操作如例 2-17 所示。

【例 2-17】身份运算符。具体代码如下。

程序代码：

```
# 例 2-17 身份运算符
num1 = 7
num2 = 2
num3 = 7

print("========身份运算符之（is）========")
print("num1 is num3 : " + str(num1 is num3))
print("num1 is num2 : " + str(num1 is num2))

print("========身份运算符之（is not）========")
print("num1 is not num3 : " + str(num1 is not num3))
print("num1 is not num2 : " + str(num1 is not num2))
```

运行结果：

```
========身份运算符之（is）========
num1 is num3 : True
num1 is num2 : False
========身份运算符之（is not）========
num1 is not num3 : False
num1 is not num2 : True
```

2.2.8 运算符优先级

Python 的运算符优先级从高到低如表 2-10 所示。

表 2–10　　　　运算符优先级

运算符	描述
**	指数运算
~、+、-	按位取反、一元取正和一元取负
*、/、%、//	乘法、除法、取余和取商的整数部分
+、-	加法和减法
>>、<<	按位右移、按位左移
&	按位与
^、|	按位异或、按位或
<=、<、>、>=	关系运算符
==、!=	关系运算符
=、%=、/=、//=、-=、+=、*=、**=	赋值运算符
is、is not	身份运算符
in、not in	成员运算符
not、or、and	逻辑运算符

2.3 习题

1. 简述 Python 变量的命名规则。

2. 列举 Python 3.7.0 的保留字，并说明通过指令获取的方法。

3. 编写一个程序，利用字符串累加功能输出“我是” + your_name + “，” + “我喜欢 Python。”。其中 your_name 是一个变量，用来存储程序设计者的姓名。

4. 表达式"13" + "14"的值是（　　）。

03 第3章　程序控制结构

计算机程序在解决某个具体问题时，包括三种情形，即顺序执行所有语句、选择执行部分语句和循环执行部分语句，这正好对应着程序设计中的三种程序执行结构流程：顺序结构、选择结构和循环结构。

为了方便读者学习 Python 流程控制结构，本章先介绍海龟绘图模块 Turtle。

3.1　海龟绘图模块

Python 2.6 版本后引入了一个简单的绘图工具，叫作海龟绘图（Turtle Graphics），Turtle 库是 Python 的内部库，使用时导入即可。在 Python 中，使用关键字 import 来导入模块或模块中的对象。在程序中要使用海龟绘图，使用 import turtle 语句导入。

海龟绘图 Turtle 库常用的命令如表 3-1 所示。

表 3–1　Turtle 库常用命令

命令	作用或用法
back(x)	向后退 x 像素
pendown()	落笔，移动时留下痕迹
forward(x)	向前行进 x 像素
goto(x,y)	海龟直接移动到(x,y)位置
hideturtle()	隐藏海龟
home()	海龟回到原始位置
left(x)	向左转 x 度
right(x)	向右转 x 度
shape("turtle")	海龟图形
penup()	抬笔，移动时没有痕迹
pensize()	画笔尺寸
color()	设置绘画的颜色

Turtle 库基本使用如例 3-1 所示。

【例 3-1】海龟绘图。具体代码如下。

程序代码：

```
# 例 3-1 海龟绘图
import turtle

# 画笔形状为 turtle
turtle.shape("turtle")
# 画笔粗细
turtle.pensize(5)
# 画笔颜色：red;turtle 颜色：green
turtle.color("red","green")
# 画笔向前前进 100 个像素
turtle.forward(100)
```

运行结果：程序运行结果如图 3-1 所示。

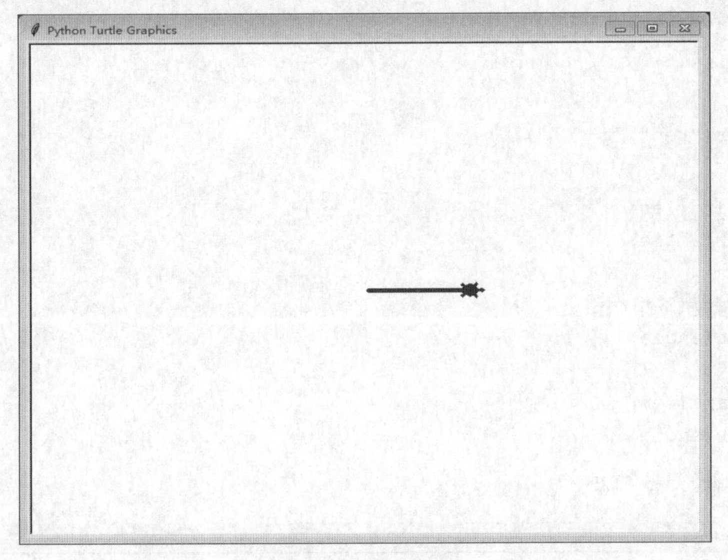

图 3-1　海龟绘图

3.2　顺序结构

程序设计中的三种程序执行结构流程是顺序结构、选择结构和循环结构。

在学习流程控制结构之前，有必要学习 Python 的缩进规则。Python 的一大特色就是强制缩进，目的是为了让程序知道，每段代码依赖哪个条件，通过强制缩进来区分代码块，这也是 Python 简洁的地方。

Python 的缩进有以下几个原则。

（1）顶级代码必须顶行写，即如果一行代码本身不依赖于任何条件，那它不能进行任何缩进。

（2）同一级别的代码，缩进必须一致。

（3）官方建议缩进用 4 个空格。

顺序结构最简单，就是根据编写的程序语句一条条按顺序执行。

顺序结构流程图如图 3-2 所示。

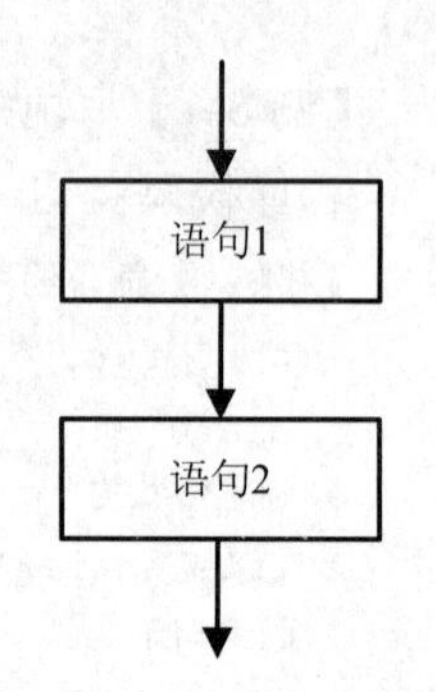

图 3-2 顺序结构流程图

顺序结构使用如例 3-2 所示。

【例 3-2】顺序结构。程序代码如下。

程序代码：

```
# 例 3-2 顺序结构
import turtle

# 图形边长
len = 150
# 画笔转换角度
angle = 120
# 画笔形状
turtle.shape("turtle")
# 画笔尺寸
turtle.pensize(5)
# 画笔颜色
turtle.color("red","green")
# 绘制三角形
turtle.forward(len)
turtle.right(angle)

turtle.forward(len)
turtle.right(angle)

turtle.forward(len)
turtle.right(angle)
```

运行结果，如图 3-3 所示。

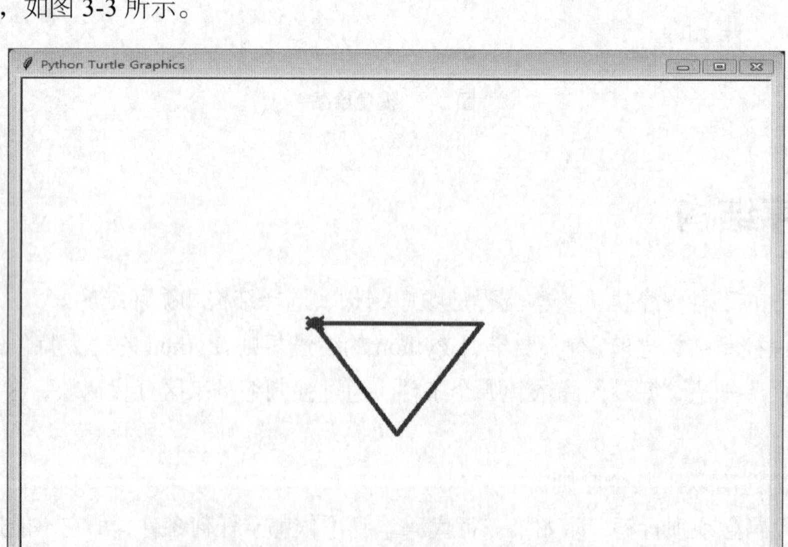

图 3-3 顺序结构运行结果

3.3　选择结构

Python 中常见的选择结构主要是 if...else 语句。

Python 的选择结构包括单分支选择结构、双分支选择结构和多分支选择结构。

3.3.1　单分支选择结构

"if…" 为单分支选择结构，是 if 语句中最简单的类型，语法如下：

```
if (条件表达式):
    语句块
```

当条件表达式的值为 True 时，就会执行"语句块"的操作；当条件表达式为 False 时，则不会执行"语句块"的操作。

条件表达式可以是关系表达式（如 7 > 2），也可以是逻辑表达式（如 7 > 2 or 7 < 2）。如果"语句块"内只有一行代码，则可以合并为一行，直接写成如下格式：

```
if (条件表达式):    语句
```

注意：条件表达式外的"()"并不是必需的，从编程规范和减少错误考虑，建议"()"不要省略；选择结构的条件表达式和"语句块"在特定条件下（"语句"只有一行代码）虽然允许合并为一行，但从代码扩展性（随着需求的变化，"语句"由单行代码可能会更改为多行的"语句块"）和编程规范角度考虑，建议分行书写。单分支选择结构流程图如图 3-4 所示。

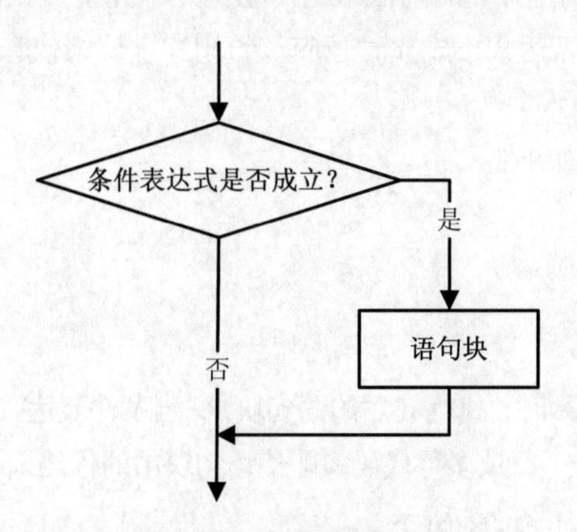

图 3-4　单分支选择结构流程图

单分支选择结构使用如例 3-3 所示。

【例 3-3】 单分支选择结构。程序代码如下。

程序代码：

```
# 例 3-3 单分支选择结构
import turtle

# 三角形边长
len = 150
# 转换角度
```

```
angle = 120

turtle.shape("turtle")
turtle.pensize(5)
turtle.color("red","green")

# 单分支选择结构（绘制三角形）
shapeID = input("请输入绘制图形代码：3（三角形），其他输入不起作用：")
if (shapeID == "3"):
    turtle.forward(len)
    turtle.right(angle)

    turtle.forward(len)
    turtle.right(angle)

    turtle.forward(len)
    turtle.right(angle)
```

运行结果：

请输入绘制图形代码：3（三角形），其他输入不起作用：

当用户输入 3 回车后，会出现图 3-3 所示的三角形，当用户输入其他信息后，程序没有反应。

3.3.2 双分支选择结构

在单分支选择结构的例子中，if 的语法给用户感觉并不完整，如果条件表达式成立就执行“语句块”的内容，那么当条件表达式不成立时也应该给用户以反馈信息，此时可以通过“if...else...”双分支选择结构实现。

双分支选择结构的语法如下：

```
if (条件表达式):
    语句块 1
else:
    语句块 2
```

当条件表达式的值为 True 时，执行 if 后的语句块 1；当条件表达式的值为 False 时，执行 else 后的语句块 2。语句块中可以是一行或多行代码，即使语句块中的代码只有一行，也不建议进行合并。

双分支选择结构流程图如图 3-5 所示。

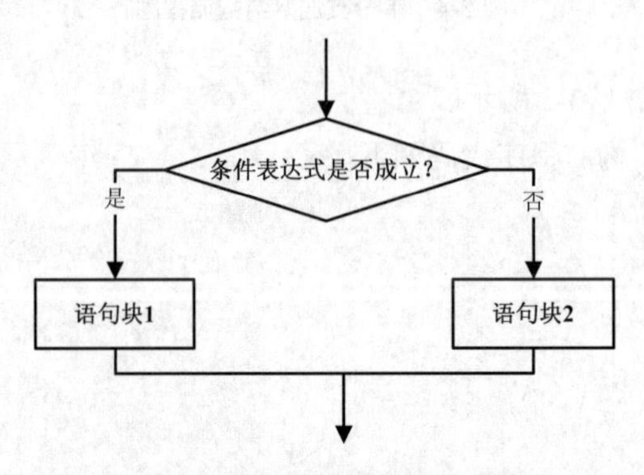

图 3-5　双分支选择结构流程图

双分支选择结构使用如例 3-4 所示。

【例 3-4】 双分支选择结构。具体代码如下。

程序代码：

```
# 例 3-4 双分支选择结构
import turtle

# 边长
len = 150
# 转换角度
angle = 90

turtle.shape("turtle")
turtle.pensize(5)
turtle.color("red","green")

# 绘制正方形
shapeID = input("请输入绘制图形代码：4（正方形），其他提示输入错误：")
if (shapeID == "4"):
      turtle.forward(len)
      turtle.right(angle)

      turtle.forward(len)
      turtle.right(angle)

      turtle.forward(len)
      turtle.right(angle)

      turtle.forward(len)
      turtle.right(angle)
else:
      print("绘制图形代码选择错误。")
      turtle.write("绘制图形代码选择错误。")
```

运行结果：

当用户根据提示输入的绘制图形代码为“4”时，Turtle 会绘制一个红色边框的正方形；当用户输入其他信息时，程序输出“绘制图形代码选择错误。”的提示信息。

3.3.3 多分支选择结构

在现实中，大部分问题不是一两个条件就能解决的，这个时候就需要使用“if...elif...else”多分支选择结构。

多分支选择结构的语法如下：

```
if (条件表达式 1):
    语句块 1
```

```
elif (条件表达式 2):
    语句块 2
elif (条件表达式 3):
...
else:
    语句块 else
```

当“条件表达式 1”为 True 时，执行“语句块 1”，然后跳出多分支选择结构；当“条件表达式”为 False 时，则继续检查“条件表达式 2”，若“条件表达式 2”为 True，则执行“语句块 2”，以此类推。如果所有的条件表达式都是 False，则执行“语句块 else”。

多分支选择结构流程图如图 3-6 所示。

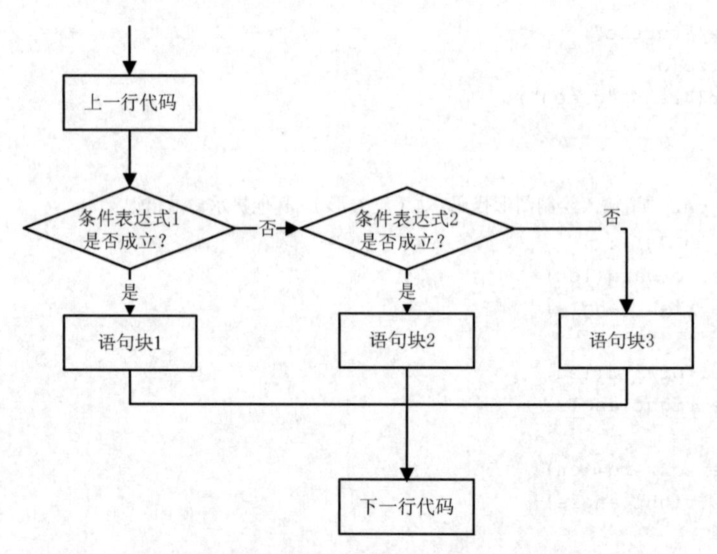

图 3-6　多分支选择结构流程图（以两个分支为例）

多分支选择结构使用如例 3-5 所示。

【例 3-5】多分支选择结构。具体代码如下。

程序代码：

```
# 例 3-5 多分支选择结构
import turtle

# 边长
len = 150

turtle.shape("turtle")
turtle.pensize(5)
turtle.color("red","green")

print("图形号码：3（三角形）；4（正方形）；5（五边形）；其他（输入错误。）")
shapeID = input("请输入图形号码（3-5）；其他输入错误：")

if (shapeID == "3"):
    # 转换角度
```

```
        angle = 120
        turtle.forward(len)
        turtle.right(angle)

        turtle.forward(len)
        turtle.right(angle)

        turtle.forward(len)
        turtle.right(angle)

    elif (shapeID == "4"):
        # 转换角度
        angle = 90
        turtle.forward(len)
        turtle.right(angle)

        turtle.forward(len)
        turtle.right(angle)

        turtle.forward(len)
        turtle.right(angle)

        turtle.forward(len)
        turtle.right(angle)

    elif (shapeID == "5"):
        # 转换角度
        angle = 72
        turtle.forward(len)
        turtle.right(angle)

        turtle.forward(len)
        turtle.right(angle)

        turtle.forward(len)
        turtle.right(angle)

        turtle.forward(len)
        turtle.right(angle)

        turtle.forward(len)
        turtle.right(angle)

    else:
        print("绘制图形代码选择错误。")
        turtle.write("绘制图形代码选择错误。")
```

运行结果：

当用户根据提示输入的绘制图形代码为“3”时，Turtle 会绘制一个红色边框的三角形；当用户根据提示输入的绘制图形代码为“4”时，Turtle 会绘制一个红色边框的正方形；当用户根据提示输入的绘制图形代码为“5”时，Turtle 会绘制一个红色边框的五边形；当用户输入其他信息时，程序输出“绘制图形代码选择错误。”的提示信息。

3.3.4 选择结构嵌套

多个选择结构之间可以进行嵌套来实现更加复杂的业务逻辑。Python 并没有规定选择结构的嵌套层数，但从代码可读性和代码维护性考虑，不建议嵌套层次过多。

选择结构嵌套的语法如下：

```
if (条件表达式 1):
    语句块 1
    if (条件表达式 2):
        语句块 2
    else:
        语句块 3
else:
    if (条件表达式 4):
        语句块 4
```

Python 代码嵌套时，一定要注意相同层次的代码必须具有相同的缩进。

选择结构嵌套的使用如例 3-6 所示。

【例 3-6】选择结构嵌套。具体代码如下。

程序代码：

```
# 例 3-6 选择结构嵌套
import turtle

turtle.hideturtle()

# 图形化方式接收用户输入
direction = turtle.textinput("请输入绘画方向","朝左绘画（L）或者朝右绘画（R）？")

# Left：左（转成大写，便于比较）
if direction.upper() == "L":

        shape = turtle.textinput("输入正 n 边形","绘制等边三角形（3）或正方形（4）？")
        if shape == "3":
                turtle.write("绘制等边三角形。", font=("宋体", 14, "bold"))
        elif shape == 4:
                turtle.write("绘制正方形。", font=("宋体", 14, "bold"))
        else:
                turtle.write("输入数字不合法，请输入 3 或 4。", font=("宋体", 14, "bold"))

# Right：右（转成大写，便于比较）
```

```
elif direction.upper() == "R":

        shape = turtle.textinput("请输入正 n 边形","正五边形（5）或正六边形（6）？")
        if shape == "5":
            turtle.write("绘制正五边形。", font=("宋体", 14, "bold"))
        elif shape == 6:
            turtle.write("绘制正六边形。", font=("宋体", 14, "bold"))
        else:
            turtle.write("输入数字不合法，请输入 5 或 6。", font=("宋体", 14, "bold"))

# 其他输入
else:
    turtle.write("输入方向不合法，请输入 L 或 R。", font=("宋体", 14, "bold"))
```

运行结果，如图 3-7 和图 3-8 所示。

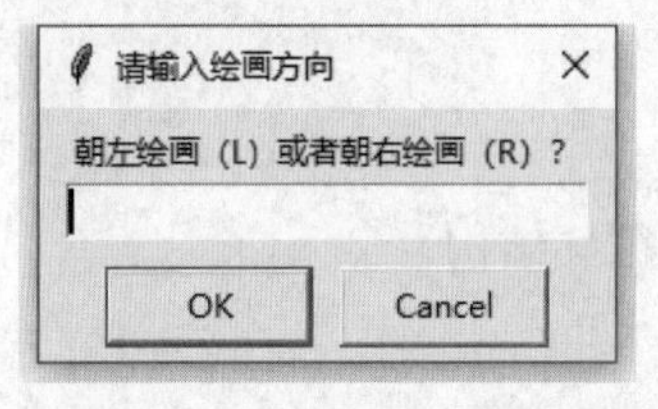

图 3-7　例 3-6 运行效果图（1）

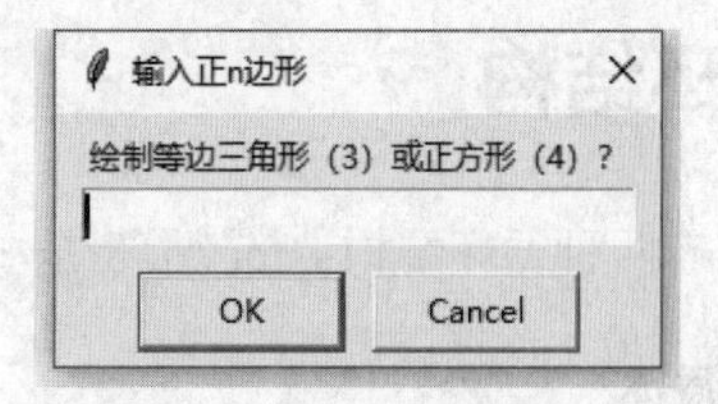

图 3-8　例 3-6 运行效果图（2）

程序通过 Turtle 库的 textinput 方法提示用户进行方向和正多边形边数选择，最终根据用户选择输出对应提示信息。程序也对输入情况进行了验证，对于不合法的信息给予提示。

3.3.5　pass 语句

Python 提供了一个关键字 pass，执行该语句的时候什么也不会发生，可以用在选择结构、函数和类的定义中，表示空语句。如果暂时没有确定如何实现某个功能，或者只是想为以后的软件升级预留一点空间，可以使用 pass 关键字进行“占位”。

pass 关键字使用方法如例 3-7 所示。

【例 3-7】pass 关键字使用。具体代码如下。

程序代码：

```
# 例 3-7 pass 关键字使用
import turtle

turtle.hideturtle()

# 图形化方式接收用户输入
direction = turtle.textinput("请输入绘画方向","朝左绘画（L）或者朝右绘画（R）？")

# Left：左（转成大写，便于比较）
if direction.upper() == "L":
      turtle.write("向左绘画。", font=("宋体", 14, "bold"))
```

```
    # Right：右（转成大写，便于比较）
    elif direction.upper() == "R":
        turtle.write("向右绘画。", font=("宋体", 14, "bold"))

    # 其他输入
    else:
        # 什么也不做，只做占位，还可以避免语法错误
        pass
```

运行结果：

当程序接收的用户输入的方向不是左或右时，说明用户输入不正确，程序执行 pass 语句，这样起到了占位作用，便于后期程序的扩展，也避免了程序语法错误。另外，分支若没有 pass 语句或其他代码，即使有注释代码，程序运行也会报错。

3.4 循环结构

Python 中有两种循环结构：for 循环结构和 while 循环结构。

3.4.1 for 循环

for 循环一般用于循环次数可以提前确定的情况，尤其适用于枚举或遍历序列或迭代对象中元素的场合。for 循环的语法结构如下。

```
for 变量 in 列表:
    循环体
```

for 循环的每一次循环，“变量”被设置为可迭代对象（序列、迭代器，或者是其他支持迭代的对象）的当前元素，提供给“循环体”语句块使用。

for 循环结构流程图如图 3-9 所示。

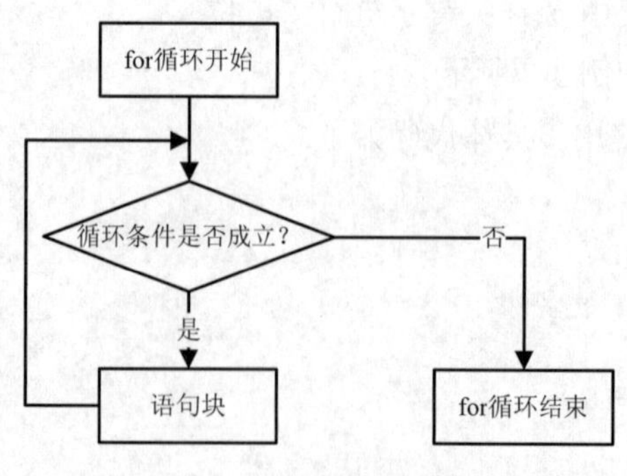

图 3-9　for 循环结构流程图

for 循环结构的使用如例 3-8 所示。

【例 3-8】for 循环结构。具体代码如下。

程序代码：

```
# 例 3-8 for 循环结构
```

```
import turtle
# 绘制正 n 边形
n = 5
# 边长
len = 150
# 转换角度
angle = 360 / n

# 显示海龟
turtle.shape("turtle")

turtle.pensize(5)
turtle.color("red","green")

# for 循环，_为循环变量，可以是其他合法变量
for _ in range(n):
    turtle.forward(len)
    turtle.right(angle)
```

运行结果：程序运行会绘制一个正五边形。

Python 中的 for 循环也支持 else 子句，else 子句只在循环完成后执行，语法结构如下。

```
for 变量 in 列表:
    循环体
else:
    else 语句块
```

与选择结构相同，for 循环结构中也可以包含 for 循环结构，称为 for 循环结构嵌套。使用 for 循环结构嵌套时需特别注意执行次数问题，其执行次数是各层循环的乘积，若执行次数太多会耗费大量计算资源，可能会导致用户计算机宕机。

for 循环结构嵌套如例 3-9 所示。

【例 3-9】 for 循环结构嵌套。具体代码如下。

程序代码：

```
# 例 3-9 for 循环结构嵌套
import turtle

# 隐藏海龟
turtle.hideturtle()

turtle.pensize(5)
turtle.color("red","green")

# 绘制正 6 边形
n = 6
# 边长
len = 100
# 转换角度
```

```
angle = 360 / n

# 绘制 6 个正六边形，围成蜂窝图形
for i in range(n):
    if i > 0:
        # 每画一个图形，前进一次，并反方向旋转角度
        turtle.forward(len)
        turtle.right(angle)

    for _ in range(n):
        turtle.forward(len)
        turtle.left(angle)
```

运行结果如图 3-10 所示。

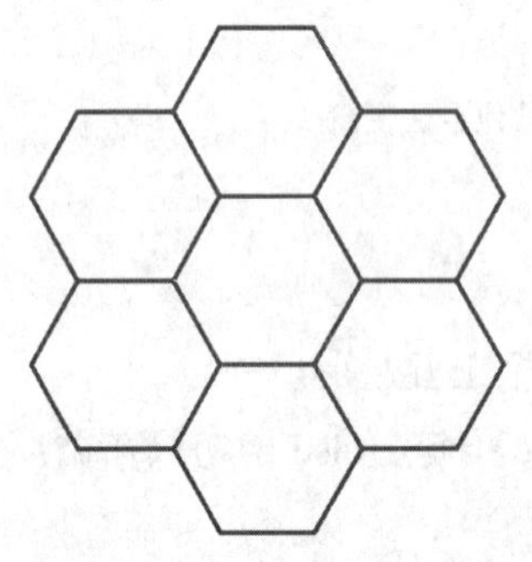

图 3-10　例 3-9 绘制的蜂窝图

3.4.2　while 循环

while 循环通常用于没有固定次数的情况，while 循环语法结构如下。

```
while (条件表达式):
    循环体
```

如果条件表达式的结果为 True，就执行“循环体”语句块；若条件表达式的结果为 False，就结束 while 循环，继续执行 while 循环语句后面的代码。

while 循环结构流程图如图 3-11 所示。

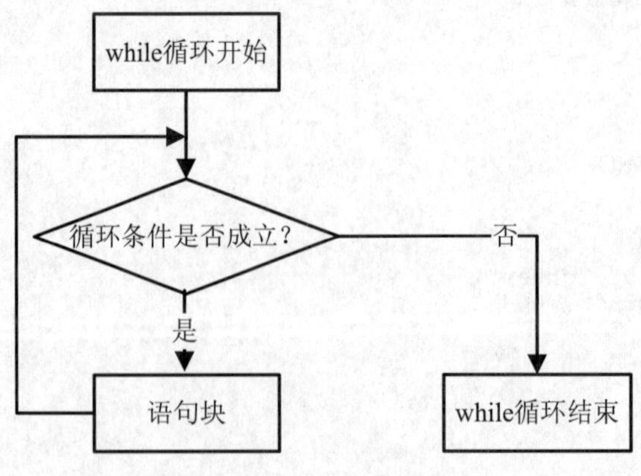

图 3-11　while 循环结构流程图

在使用 while 循环时要特别注意，必须设定循环的终止条件，以便可以停止循环的执行，否则会陷入无穷循环的窘境。

while 循环结构使用如例 3-10 所示。

【例 3-10】 while 循环结构。具体代码如下。

程序代码：

```
# 例 3-10 while 循环结构
import turtle

# 隐藏海龟
turtle.hideturtle()
turtle.pensize(5)

# 五角星线条为黄色，内部填充为红色
turtle.color("yellow","red")

# 五角星的长度
len = 300

# 绘制速度，海龟移动速度为 0～10（最大速度为 10）
turtle.speed(5)

# 颜色填充起始位置
turtle.begin_fill()

# 循环变量
i = 1
while i < 6:
    turtle.forward(len)
    turtle.right(144)
    # 循环变量维护，避免死循环
    i += 1

# 颜色填充终止位置
turtle.end_fill()
```

运行结果如图 3-12 所示。

图 3-12　例 3-10 绘制的五角星

Python 中的 while 语句也支持 else 子句，else 子句只在循环完成后执行，语法结构如下。

```
while (条件表达式):
    循环体
else:
    else 语句块
```

3.4.3 break 和 continue 语句

break 语句和 continue 语句在 for 循环和 while 循环语句中都可以使用，并且常在选择结构或异常处理结构时使用。一旦 break 语句被执行，将使 break 语句所属层次的循环语句提前结束。如果使用循环嵌套，break 语句将停止执行最深层的循环，并开始执行下一行代码。

continue 语句的作用是提前结束本次循环，忽略 continue 之后的所有语句，提前进入下一次循环。

break 语句的流程图如图 3-13 所示。

continue 语句的流程图如图 3-14 所示。

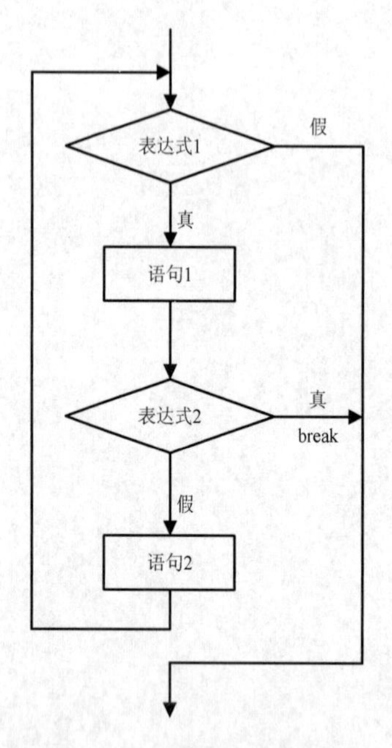

图 3-13　break 语句的流程图

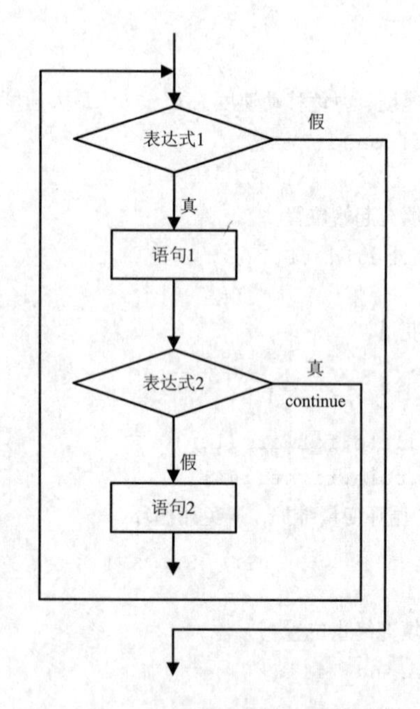

图 3-14　continue 语句的流程图

使用 break 和 continue 语句如例 3-11 所示。

【例 3-11】break 和 continue 语句。具体代码如下。

程序代码：

```
# 例 3-11 break 和 continue 语句
import turtle
import random

# 显示海龟
turtle.shape("turtle")
```

```
# 圆的半径，边界
max_radius = 200
turtle.color("red","green")
turtle.pensize(5)

turtle.penup()
turtle.right(90)
turtle.forward(max_radius)
turtle.left(90)
# 落笔，留下海龟移动痕迹
turtle.pendown()
# 海龟移动速度
turtle.speed(5)

# 绘制半径为 max_radius 的圆
turtle.circle(max_radius)
# 抬笔，不留下海龟移动痕迹
turtle.penup()

# 海龟回到原点(0,0)
turtle.goto(0,0)

# 海龟全速前进
turtle.speed(0)

angle = 0
distance = 0
step = 1

# 海龟移动的总距离
max_distance = 0

# 海龟不能走出边界
while distance <= max_radius:
    # 海龟距离原点超过圆的半径（max_radius 和 max_radius - 1 时会停止）
    if turtle.distance(0,0) >= max_radius - 1:
        # turtle.write(turtle.distance(0,0))
        turtle.goto(0,0)
        # 随机生成海龟头的方向，前进方向
        angle = turtle.towards(0,0) + random.randint(-180, 180)
        # 设置海龟头的方向
        turtle.setheading(angle)
        # 距离清 0
        distance = 0

    turtle.forward(step)
    distance += step
```

```
        max_distance += step
        if max_distance >= max_radius * 10:
            # break，当海龟爬行了 10 个半径长度后结束
            # continue，10 个半径长度后重新记录，继续循环
            max_distance = 0
            # continue
            break
```

运行结果的效果截图如图 3-15 所示。

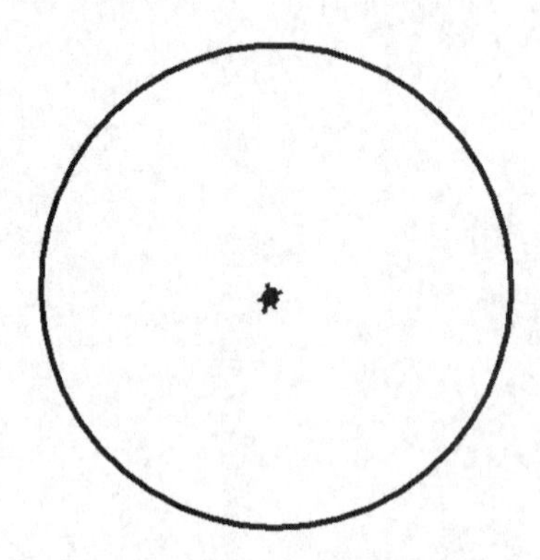

图 3-15　例 3-11 运行效果截图

例 3-11 程序中海龟在圆内不停爬行，当海龟到达圆边界时会回到圆心，海龟按照随机方向继续爬行。当程序满足一定条件时（海龟爬行了 max_radius * 10 距离），执行 break 语句结束程序运行；可以把 break 换为 continue 语句，此时满足条件时，结束本次循环进入下一次循环，重新对 max_distance 进行计数。

3.5　习题

1. 列出两种跳出循环的方式并指出不同点。
2. 使用 Turtle 库和循环语句，绘制正九边形。
3. 使用 Turtle 库，绘制五角星。
4. 编写程序，判断用户输入的年份是平年还是闰年。

04

第4章　数据结构

Python 中常用的数据结构（也称为序列结构）有列表、元组、字典、集合和字符串等。这些常用数据结构可分为有序序列和无序序列，其中列表、元组、字符串为有序序列，字典和集合为无序序列。本章将对列表、元组、字典、集合和字符串等的结构特点和操作方法进行介绍。

4.1　列表

列表是 Python 中最通用的序列数据类型，可以写成方括号之间的逗号分隔值（项）列表。列表中的项目不必是相同的类型。如果只有一对方括号而没有任何元素则表示空列表。以下是合法列表对象的例子。

```
['physics', 'chemistry', 'math', 2020]
[10, 20, 30, 40, 50 ]
["a", "b", "c", "d"]
```

4.1.1　列表基本操作

1. 创建列表

创建列表时，只要把逗号分隔的不同数据项使用方括号括起来即可，可以使用“=”直接将创建的列表赋值给变量，创建列表代码如例 4-1 所示。

【例 4-1】创建列表。具体代码如下。

程序代码：

```
# 例 4-1 创建列表
# Turtle 库的 turtle shape
list_shape = ["arrow","turtle","circle","square","triangle",
"classic"]
# Turtle 库的 turtle's speed
list_speed = ["fastest","fast","normal","slow","slowest"]
```

也可以使用 list()函数将元组、range 对象、字符串、字典集合或其他类型的可迭代对象类型的数据转换为列表。需要注意的是，把字典转换为列表时默认是将字典的“键”转换为列表，而不是把字典元素转换为列表，如果想把字典的元素转换为列表，需要使用字典对象的 item()方法明确说明。使用 list()函数创建列表如例 4-2 所示。

【例 4-2】创建列表（字符串生成列表）。具体代码如下。

程序代码：

```
# 例 4-2 创建列表(字符串生成列表)
# 由字符串"Turtle graphics"创建列表
list_turtle = list("Turtle graphics")
# 由 range 对象创建列表
list_range = list(range(5))

print(list_turtle)
print(list_range)
```

运行结果：

```
['T', 'u', 'r', 't', 'l', 'e', ' ', 'g', 'r', 'a', 'p', 'h', 'i', 'c', 's']
[0, 1, 2, 3, 4]
```

人们习惯把 list()及后面要学到的 tuple()、set()、dict()这样的函数称为“工厂函数”，因为这些函数可以生成新的数据类型。

2. 访问列表

创建列表之后，可以使用整数作为下标来访问其中的元素，其中 0 表示第一个元素，1 表示第 2 个元素，2 表示第 3 个元素，以此类推；列表还支持使用负整数作为下标，其中-1 表示倒数第 1 个元素，-2 表示倒数第 2 个元素，以此类推，访问列表的代码如例 4-3 所示。

【例 4-3】访问列表。具体代码如下。

程序代码：

```
# 例 4-3 访问列表
# 由字符串"Turtle graphics"创建列表
list_turtle = list("Turtle graphics")
# 由 range 对象创建列表
list_range = list(range(5))

print(list_turtle)
print(list_range)

print(list_turtle[0])
print(list_turtle[-1])
print(list_range[0])
print(list_range[-2])
```

运行结果：

```
['T', 'u', 'r', 't', 'l', 'e', ' ', 'g', 'r', 'a', 'p', 'h', 'i', 'c', 's']
[0, 1, 2, 3, 4]
T
s
0
3
```

除了使用下标访问列表外，也可以使用方括号的形式截取字符，代码如例 4-4 所示。

【例 4-4】访问列表（截取字符）。具体代码如下。

程序代码：

```
# 例 4-4 访问列表（截取字符）
# 由字符串"Turtle graphics"创建列表
list_turtle = list("Turtle graphics")

print(list_turtle)
# 输出第 1～6 个元素
print(list_turtle[0:6])
# 输出第 8～15 个元素
print(list_turtle[7:15])
```

运行结果：

```
['T', 'u', 'r', 't', 'l', 'e', ' ', 'g', 'r', 'a', 'p', 'h', 'i', 'c', 's']
['T', 'u', 'r', 't', 'l', 'e']
['g', 'r', 'a', 'p', 'h', 'i', 'c', 's']
```

在对列表元素访问时，还可以为列表元素进行赋值操作。程序代码如例 4-5 所示。

【例 4-5】访问列表（赋值操作）。具体代码如下。

程序代码：

```
# 例 4-5 访问列表（赋值操作）
# 由字符串"Turtle graphics"创建列表
list_turtle = list("Turtle graphics")

print(list_turtle)
# 把第一个元素"T"修改为"t"
list_turtle[0] = "t"
print(list_turtle)
```

运行结果：

```
['T', 'u', 'r', 't', 'l', 'e', ' ', 'g', 'r', 'a', 'p', 'h', 'i', 'c', 's']
['t', 'u', 'r', 't', 'l', 'e', ' ', 'g', 'r', 'a', 'p', 'h', 'i', 'c', 's']
```

3. **删除列表**

当一个列表不再使用时，可以使用 del 命令将其删除，这一点适用于所有类型的 Python 对象。另外，也可以使用 del 命令删除列表、字典等可变序列中的部分元素，而不能删除元组、字符串等不可变序列中的部分元素。程序代码如例 4-6 所示。

【例 4-6】列表删除。具体代码如下。

程序代码：

```
# 例 4-6 列表删除
# 由字符串"Turtle graphics"创建列表
list_turtle = list("Turtle graphics")
# 由 range 对象创建列表
list_range = list(range(5))

print(list_turtle)
print(list_range)
```

```
del list_turtle[14]
del list_range

print(list_turtle)
```

运行结果：

```
['T', 'u', 'r', 't', 'l', 'e', ' ', 'g', 'r', 'a', 'p', 'h', 'i', 'c', 's']
[0, 1, 2, 3, 4]
['T', 'u', 'r', 't', 'l', 'e', ' ', 'g', 'r', 'a', 'p', 'h', 'i', 'c']
```

4.1.2 列表常用方法

对于 Python 中不同的序列类型而言，有很多方法是通用的，而不同类型的序列又有一些特有的方法或支持某些特有的运算符。此外，Python 的很多内置函数和命令也可以对列表和其他序列对象进行操作。列表常用函数如表 4-1 所示。

表 4-1 列表（list）常用函数

函数名称	函数说明
append()	在列表尾部追加新的元素
count()	统计元素在列表中出现的次数
extend()	在列表末尾一次性追加另一个序列中的多个值
insert()	将对象插入列表中
pop()	移除列表中的一个元素，并返回该元素的值
reverse()	对列表中的元素反向存储
sort()	对列表进行排序
index()	在列表中找出某个值第一次出现的位置
remove()	用于移除列表中某个值的第一个匹配项
cmp()	用于比较两个列表的元素
len()	返回列表元素个数
max()	返回列表元素中的最大值
min()	返回列表元素中的最小值

列表常用函数的例子如例 4-7 所示。

【例 4-7】列表常用函数。具体代码如下。

程序代码：

```
# 例 4-7 列表常用函数
list_turtle = list("Turtle")
list_graphics = list("graphics")

print("'Turtle'初始化后：",list_turtle)


# append()函数
list_turtle.append(" ")
print("列表增加一个' '元素：",list_turtle)


# extend()函数
list_turtle.extend(list_graphics)
print("两个列表合并：",list_turtle)
```

```
# index()函数
print("'r'元素在列表中首次出现的位置：",list_turtle.index("r"))

# count()函数
print("'r'元素在列表中出现的次数：",list_turtle.count("r"))

# len()函数
print("列表元素个数：",len(list_turtle))

# insert()函数
list_turtle.insert(0,"m")
list_turtle.insert(1,"y")
list_turtle.insert(2," ")
print("列表插入三个元素：",list_turtle)

# pop()函数
print("移除首元素'm'",list_turtle.pop(0))
print("移除首元素'y'",list_turtle.pop(0))
print("移除首元素' '",list_turtle.pop(0))
print("移除三个元素：",list_turtle)

# max()函数
print("列表中最大的元素：",max(list_turtle))

# min()函数
print("列表中最小的元素为（' '）：",min(list_turtle))

# reverse()函数
list_turtle.reverse()
print("列表反向存储后：",list_turtle)
list_turtle.reverse()
print("恢复原有存储顺序：",list_turtle)

# sort()函数
list_turtle.sort()
print("列表排序后（默认升序）：",list_turtle)
```

运行结果：

```
'Turtle'初始化后： ['T', 'u', 'r', 't', 'l', 'e']
列表增加一个' '元素： ['T', 'u', 'r', 't', 'l', 'e', ' ']
两个列表合并： ['T', 'u', 'r', 't', 'l', 'e', ' ', 'g', 'r', 'a', 'p', 'h', 'i', 'c', 
's']
'r'元素在列表中首次出现的位置： 2
'r'元素在列表中出现的次数： 2
列表元素个数： 15
```

列表插入三个元素： ['m', 'y', ' ', 'T', 'u', 'r', 't', 'l', 'e', ' ', 'g', 'r', 'a', 'p', 'h', 'i', 'c', 's']

移除首元素'm' m

移除首元素'y' y

移除首元素' '

移除三个元素： ['T', 'u', 'r', 't', 'l', 'e', ' ', 'g', 'r', 'a', 'p', 'h', 'i', 'c', 's']

列表中最大的元素： u

列表中最小的元素为（' '）：

列表反向存储后： ['s', 'c', 'i', 'h', 'p', 'a', 'r', 'g', ' ', 'e', 'l', 't', 'r', 'u', 'T']

恢复原有存储顺序： ['T', 'u', 'r', 't', 'l', 'e', ' ', 'g', 'r', 'a', 'p', 'h', 'i', 'c', 's']

列表排序后（默认升序）： [' ', 'T', 'a', 'c', 'e', 'g', 'h', 'i', 'l', 'p', 'r', 'r', 's', 't', 'u']

4.2 元组

元组是序列数据结构的另一个重要类型，元组与列表非常类似，唯一的不同是元组一经定义，其内容就不能修改。此外，元组元素可以存储不同类型的数据，包括字符串、数字，甚至是元组。

4.2.1 元组基本操作

从形式上，元组的所有元素放在一对括号中，元素之间使用逗号分隔，如果元组中只有一个元素则必须在最后增加一个逗号。

1. 创建元组

元组的创建非常简单，可以直接用逗号分隔来创建一个元组，即使只创建包含一个元素的元组，也需要在创建的时候加上逗号分隔。用户还可以使用 tuple()函数将一个序列作为参数，并将其转化为元组，如果参数本身就是元组，则会原样返回。创建元组的代码如例 4-8 所示。

【例 4-8】创建元组。具体代码如下。

程序代码：

```
# 例 4-8 创建元组
# 字符元组
tuple_turtle = ('T','u','r','t','l','e')
# 数字元组
tuple_number = (1,2,3)
# 混合元组
tuple_hybrid = ('T','u',1,2)
# 一个元素的元组
tuple_only_one = ("Only one element",)
# 不是元组
no_tuple = ("Only one element")
```

```
# 序列元组
tuple_list = (["Turtle"],[" "],["graphics"])
print("字符元组：",tuple_turtle)
print("数字元组：",tuple_number)
print("混合元组：",tuple_hybrid)
print("一个元素的元组：",tuple_only_one)
print("不是元组：",no_tuple)
print("序列元组：",tuple_list)
tuple_list = tuple(["Turtle"," ","graphics"])
print("使用 tuple()函数创建的元组：",tuple_list)
```

运行结果：

```
字符元组： ('T', 'u', 'r', 't', 'l', 'e')
数字元组： (1, 2, 3)
混合元组： ('T', 'u', 1, 2)
一个元素的元组： (Only one element)
不是元组： Only one element
序列元组： (['Turtle'], [' '], ['graphics'])
使用 tuple()函数创建的元组： ('Turtle', ' ', 'graphics')
```

2. 访问元组

元组一旦创建就不可以修改元组中的元素值，但可以正常访问，访问元组元素的例子如例 4-9 所示。

【例 4-9】访问元组。具体代码如下。

程序代码：

```
# 例 4-9 访问元组
# 字符元组
tuple_turtle = ('T','u','r','t','l','e')

print("第一个元素：",tuple_turtle[0])
print("最后一个元素：",tuple_turtle[-1])
```

运行结果：

```
第一个元素： T
最后一个元素： e
```

4.2.2 元组与列表

元组属于不可变序列，一旦创建，没有任何方法可以修改元组中元素的值，也无法为元组增加或删除元素。因此，元组没有提供 append()、extend()和 insert()等方法，无法向元组中添加元素；同样，元组没有 remove()和 pop()方法，也不支持对元组元素进行 del 操作，不能从元组中删除元素，只能使用 del 命令删除整个元组。元组也支持切片操作，但是只能通过切片来访问元组中的元素，而不支持使用切片来修改元组中元素的值，也不支持使用切片操作来为元组增加或删除元素。从一定程度上讲，可以认为元组是轻量级的列表，或者“常量列表”。

Python 的内部实现对元组做了大量优化，访问速度比列表更快。如果定义了一系列常量值，主要用途仅是对它们进行遍历或其他类似用途，而不需要对其元素进行任何修改，那么一般建议使用元组而不用列表。

元组在内部实现上不允许修改其元素值，从而使代码更加安全，例如调用函数时使用元组传递参数可以防止在函数中修改元组，而使用列表则很难保证这一点。

另外，作为不可变序列，与整数、字符串一样，元组可用作字典的键，而列表永远都不能作字典的键使用，也不能作为集合中的元素，因为列表是可变的，或者说不可散列（可以使用内置函数 hash()断定数据类型是否可以散列）。虽然元组属于不可变序列，其元素的值是不可改变的，但是如果元组中包含可变序列，情况又变得复杂了，这一点大家要注意。

4.3 字典

字典（dictionary）是包含若干“键:值”元素的无序可变序列，字典中的每个元素包含用冒号分隔开的“键”和“值”两部分，表示一种映射或对应关系，也称关联数组。定义字典时，每个元素的“键”和“值”之间用冒号分隔，不同元素之间用逗号分隔，所有的元素放在一对大括号“{}”中。

字典中元素的“键”可以是 Python 中任意不可变数据，例如整数、实数、复数、字符串、元组等类型等可散列数据，但不能使用列表、集合、字典或其他可变类型作为字典的“键”。另外，字典中的“键”不允许重复，而“值”是可以重复的。

4.3.1 字典基本操作

1. 创建字典

使用赋值运算符“=”将一个字典赋值给一个变量即可创建一个字典变量。也可以使用内置类 dict 以不同形式创建字典。创建字典的例子如例 4-10 所示。

【例 4-10】创建字典。具体代码如下。

程序代码：

```
# 例 4-10 创建字典
# 创建一个字典，存储数据库链接信息
dict_db_server = {"server":"localhost","database":"mysql","user":"root"}
keys = ['t','b','g']
# turtle,blank space,graphics
values = ["turtle"," ","graphics"]
# 使用 dict()函数生成字典
dict_info = dict(zip(keys,values))

print("存储数据库链接信息字典",dict_db_server)
print("dict()函数生成的字典",dict_info)
```

运行结果：

```
存储数据库链接信息字典 {'server': 'localhost', 'database': 'mysql', 'user': 'root'}
dict()函数生成的字典 {'t': 'turtle', 'b': ' ', 'g': 'graphics'}
```

2. 访问字典元素

字典中的每个元素表示一种映射关系或对应关系，根据提供的“键”作为下标就可以访问对应的“值”，如果字典中不存在这个“键”会抛出异常。访问字典元素的例子如例 4-11 所示。

【例 4-11】访问字典元素。具体代码如下。

程序代码：

```
# 例 4-11 访问字典元素
# 创建一个字典，存储数据库链接信息
dict_db_server = {"server":"localhost","database":"mysql","user":"root"}

# 修改"server"元素的值
dict_db_server["server"] = "dbServer"
print("访问修改后'server'元素：",dict_db_server["server"])

print("访问'user'元素：",dict_db_server["user"])
#print("访问'password'元素：",dict_db_server["password"])
```

运行结果：

```
访问修改后'server'元素： dbServer
访问'user'元素： root
```

当运行注释的语句访问'password'元素时会提示“KeyError: 'password'”信息。为了避免程序运行时引发异常而导致程序终止，在使用下标访问字典元素时，最好配合条件判断。增加判断功能的例子如例 4-12 所示。

【例 4-12】访问字典元素（条件判断）。具体代码如下。

程序代码：

```
# 例 4-12 访问字典元素（条件判断）
# 创建一个字典，存储数据库链接信息
dict_db_server = {"server":"localhost","database":"mysql","user":"root"}

# 访问"password"元素
if ("password" in dict_db_server):
    print("访问'password'元素：",dict_db_server["password"])
else:
    print("访问'password'元素：","'password'不存在。")
```

运行结果：

```
访问'password'元素： 'password'不存在。
```

字典对象提供了一个 get()方法用来返回指定“键”对应的“值”，并且允许返回指定该键不存在时返回特定的值。使用 get()方法访问字典元素的例子如例 4-13 所示。

【例 4-13】访问字典元素（get()）。具体代码如下。

程序代码：

```
# 例 4-13 访问字典元素（get()）
# 创建一个字典，存储数据库链接信息
dict_db_server = {"server":"localhost","database":"mysql","user":"root"}

#访问"password"元素
print("get()访问'password'元素：",dict_db_server.get("password","'password'不存在。"))
```

运行结果：

```
get()访问'password'元素： 'password'不存在。
```

另外，字典对象的 setdefault()方法用于返回指定"键"对应的"值"，如果字典中不存在该"键"，就添加一个新元素并设置该"键"对应的"值"。setdefault()方法例子如例 4-14 所示。

【例 4-14】访问字典元素（setdefault()）。具体代码如下。

程序代码：

```
# 例 4-14 访问字典元素（setdefault()）
# 创建一个字典，存储数据库链接信息
dict_db_server = {"server":"localhost","database":"mysql","user":"root"}

# 访问"password"元素
if ("password" in dict_db_server):
    print("访问'password'元素：",dict_db_server["password"])
else:
    print("访问'password'元素:",dict_db_server.get("password","'password'不存在。"))
    dict_db_server.setdefault("password","root")

# 访问"password"元素
print("setdefault()后,访问'password'元素:",dict_db_server.get("password","'password'
不存在。"))
```

运行结果：

```
访问'password'元素： 'password'不存在。
setdefault()后，访问'password'元素： root
```

最后，可以对字典对象进行迭代或者遍历，这时默认是遍历字典的"键"，如果需要遍历字典的元素必须使用字典对象的 items()方法返回字典中的元素，即所有"键:值"对，字典对象的 keys()方法返回所有"键"，values()方法返回所有"值"。程序代码如例 4-15 所示。

【例 4-15】访问字典元素（遍历所有元素）。具体代码如下。

程序代码：

```
# 例 4-15 访问字典元素（遍历所有元素）
# 创建一个字典，存储数据库链接信息
dict_db_server = {"server":"localhost","database":"mysql","user":"root"}

# 默认遍历键
print("默认遍历字典的键：")
```

```
for item in dict_db_server:
      print(item)

# items()遍历'键:值'
print("items()遍历'键:值': ")
for item in dict_db_server.items():
      print(item)

# items()遍历'键:值', key 和 value 获取具体的键值
print("key 和 value 获取具体的键值': ")
for key,value in dict_db_server.items():
      print("键: ",key,"值: ",value)

# keys()遍历'键'
print("keys()遍历'键': ")
for key in dict_db_server.keys():
      print(key)

#values()遍历'值'
print("values()遍历'值': ")
for value in dict_db_server.values():
      print(value)
```

运行结果：

```
默认遍历字典的键:
server
database
user
items()遍历'键:值':
('server', 'localhost')
('database', 'mysql')
('user', 'root')
key 和 value 获取具体的键值':
键: server 值: localhost
键: database 值: mysql
键: user 值: root
keys()遍历'键':
server
database
user
values()遍历'值':
localhost
mysql
root
```

4.3.2　字典常用方法

字典与 Python 其他序列数据类型的基本操作有很多方面相似。常用的字典对象方法如表 4-2

所示。

表 4-2　　字典（dictionary）常用函数

函数名称	函数说明
dict()	通过映射或者序列建立字典
clear()	清除字典中的所有项
pop()	删除指定的字典元素
in()	判断字典是否存在指定元素
fromkeys()	使用指定的键建立新的字典，每个键对应的值默认为 None
get()	根据指定键返回对应的值，如果键不存在，返回 None
values()	以列表的形式返回字典中的值
update()	将两个字典合并
copy()	实现字典的复制，返回一个具有相同键值对的新字典

字典常用函数的例子如例 4-16 所示。

【例 4-16】访问常用方法。具体代码如下。

程序代码：

```
# 例 4-16 访问常用方法
# 创建一个字典，存储数据库链接信息
dict_db_server = {"server":"localhost","database":"mysql","user":"root"}
dict_db_server2 = {"port":"3306","password":"root"}

# update()函数
dict_db_server.update(dict_db_server2)
print("合并后数据库链接信息字典：",dict_db_server)

# copy()函数
dict_new = dict_db_server.copy()
print("复制后数据库链接信息字典：",dict_new)

# get()函数
print("获取'password'信息：",dict_new.get("password"))

#pop()函数
dict_new.pop("password")
print("pop()后获取'password'信息：",dict_new.get("password"))

# clear()函数
dict_new.clear()
print("清除后数据库链接信息字典：",dict_new)

# fromkeys()函数
dict_new = dict_new.fromkeys(dict_db_server.keys())
print("fromkeys()后数据库链接信息字典：",dict_new)
```

```
# keys()函数
print("fromkeys()后数据库链接信息字典的键：",dict_new.keys())

# values()函数
print("fromkeys()后数据库链接信息字典的值：",dict_new.values())

# 删除 dict_new 字典
print("删除 dict_new 字典。")
del dict_new
```

运行结果：

```
合并后数据库链接信息字典： {'server': 'localhost', 'database': 'mysql', 'user': 'root', 'port': '3306', 'password': 'root'}
复制后数据库链接信息字典： {'server': 'localhost', 'database': 'mysql', 'user': 'root', 'port': '3306', 'password': 'root'}
获取'password'信息： root
pop()后获取'password'信息： None
清除后数据库链接信息字典： {}
fromkeys()后数据库链接信息字典： {'server': None, 'database': None, 'user': None, 'port': None, 'password': None}
fromkeys()后数据库链接信息字典的键： dict_keys(['server', 'database', 'user', 'port', 'password'])
fromkeys()后数据库链接信息字典的值： dict_values([None, None, None, None, None])
删除 dict_new 字典。
```

4.4　集合

集合（set）属于 Python 数据结构中的无序可变序列，使用一对大括号作为定界符，元素之间使用逗号分隔，同一个集合内的每个元素都是唯一的，元素之间不允许重复。

4.4.1　集合基本操作

1. 集合创建

在 Python 中，直接将集合赋值给变量即可创建一个集合对象。集合中只能包含数字、字符串、元组等不可变类型（或者说可散列）的数据，而不能包含列表、字典、集合等可变类型的数据。

也可以使用 set()函数将列表、元组、字符串、range 对象等其他可迭代对象转换为集合，如果原来的数据中存在重复元素，则在转换为集合的时候只保留一个；如果原序列或迭代对象中有不可散列的值，无法转换成为集合，抛出异常。具体例子如例 4-17 所示。

【例 4-17】集合创建。具体代码如下。

程序代码：

```
# 例 4-17 集合创建
# 星期构成的集合
set_week = {"Monday","Tuesday","Wednesday","Thursday","Friday","Saturday","Sunday"}
```

```
# 12 月数字集合
set_month = {1,2,3,4,5,6,7,8,9,10,11,12}
# 'turtle'构成的集合
set_turtle = {"t","u","r","t","l","e"}

# set()根据 range(1,5)生成的集合
set_range = set(range(1,5))

# set()根据'turtle'构成的元组生成的集合
set_turtle_new = set(["t","u","r","t","l","e"])

print("星期构成的集合: ",set_week)
print("12 月数字集合: ",set_month)
print("'turtle'构成的集合: ",set_turtle)

print("set()根据 range(1,5)生成的集合: ",set_range)
print("set()根据'turtle'构成的元组生成的集合: ",set_turtle_new)
```

运行结果:

```
星期构成的集合: {'Friday', 'Wednesday', 'Saturday', 'Thursday', 'Sunday', 'Tuesday', 'Monday'}
12 月数字集合: {1, 2, 3, 4, 5, 6, 7, 8, 9, 10, 11, 12}
'turtle'构成的集合: {'t', 'l', 'r', 'e', 'u'}
set()根据 range(1,5)生成的集合: {1, 2, 3, 4}
set()根据'turtle'构成的元组生成的集合: {'t', 'l', 'r', 'e', 'u'}
```

2. 集合元素操作

使用集合对象的 add()方法可以为其增加新元素，如果该元素已存在于集合则忽略该操作；update()方法用于合并另外一个集合中的额外元素到当前集合中。

集合对象的 pop()方法用于随机删除并返回集合中的一个元素，如果集合为空则抛出异常；remove()方法用于删除集合中的元素，如果指定元素不存在则抛出异常；discard()用于从集合中删除一个特定元素，如果元素不在集合中则忽略该操作；clear()方法清空集合，删除所有元素。

4.4.2 集合运算

除了常用的基本操作之外，集合还可以使用集合运算符进行操作处理，集合基本操作符如表 4-3 所示。

表 4-3 集合基本操作符

操作符	案例	集合操作
==	A==B	如果集合 A 等于集合 B 返回 True，反之返回 False
!=	A!=B	如果集合 A 不等于集合 B 返回 True，反之返回 False
<	A<B	如果集合 A 是集合 B 的真子集返回 True，反之返回 False
<=	A<=B	如果集合 A 是集合 B 的子集返回 True，反之返回 False

续表

操作符	案例	集合操作
>	A>B	如果集合 A 是集合 B 的真超集返回 True，反之返回 False
>=	A>=B	如果集合 A 是集合 B 的超集返回 True，反之返回 False
|	A|B	计算集合 A 与集合 B 进行并集
&	A&B	计算集合 A 与集合 B 进行交集
-	A-B	计算集合 A 与集合 B 进行差集

集合基本操作符的例子代码如例 4-18 所示。

【例 4-18】集合基本运算。具体代码如下。

程序代码：

```
# 例 4-18 集合基本运算

# 一周有 7 日
set_week = {1,2,3,4,5,6,7}
# 一年有 12 个月
set_month = {1,2,3,4,5,6,7,8,9,10,11,12}
# 空集合
set_new = {}

print("一周有 7 日:",set_week)
print("一年有 12 个月: ",set_month)
print("空集合: ",set_new)

# ==
print("set_week == set_month?",set_week == set_month)

# !=
print("set_week != set_month?",set_week != set_month)

# <
print("set_week < set_month?",set_week < set_month)

# <=
print("set_week <= set_month?",set_week <= set_month)

#>
print("set_week > set_month?",set_week > set_month)

# >=
print("set_week >= set_month?",set_week >= set_month)

# |
set_new = set_month | set_week
print("set_month | set_week: ",set_new)
# &
set_new = set_month & set_week
```

```
print("set_month & set_week: ",set_new)

# -
set_new = set_month - set_week
print("set_month - set_week: ",set_new)
```

运行结果：

```
一周有 7 日：{1, 2, 3, 4, 5, 6, 7}
一年有 12 个月： {1, 2, 3, 4, 5, 6, 7, 8, 9, 10, 11, 12}
空集合： {}
set_week == set_month? False
set_week != set_month? True
set_week < set_month? True
set_week <= set_month? True
set_week > set_month? False
set_week >= set_month? False
set_month | set_week:  {1, 2, 3, 4, 5, 6, 7, 8, 9, 10, 11, 12}
set_month & set_week:  {1, 2, 3, 4, 5, 6, 7}
set_month - set_week:  {8, 9, 10, 11, 12}
```

4.5 字符串

在 Python 中，字符串属于不可变有序序列，可以使用单引号、双引号或三引号来创建字符串，并且不同的限定符之间可以互相嵌套。关于字符串创建和基本使用方法在第 2 章已经讲述。

1. 访问字符串的值

Python 不支持单字符类型，单字符在 Python 中也是作为一个字符串使用。Python 访问子字符串，可以使用方括号来截取字符串，也可以截取字符串的一部分并与其他字段拼接，字符串访问截取的例子如例 4-19 所示。

【例 4-19】字符串基本操作（访问与截取）。具体代码如下。

程序代码：

```
# 例 4-19 字符串基本操作（访问与截取）
str1 = 'Hello World!'
str2 = "Python"

# 访问字符串
print("str1[0]: ", str1[0])
print("str2[2:6]: ", str2[2:6])
# 截取字符串拼接
print("截取后新字符串: ", str1[:6] + str2[:6])
```

运行结果：

```
str1[0]:  H
str2[2:6]:  thon
截取后新字符串 :  Hello Python
```

2. 转义字符

若字符串中需要包含特殊字符，如制表符、回车符等，可在字符串中使用转义字符。转义字符是以反斜杠“\”开头，后面跟着一定格式的字符来表示特定含义的特殊字符。Python 的转义字符集如表 4-4 所示。

表 4–4　　转义字符集

转义字符	意义	转义字符	意义
\'	单引号’	\"	双引号”
\\	反斜杠\	\n	换行
\r	光标移动行首	\t	Tab 键
\v	垂直定位	\a	响铃
\b	退格（BackSpace）	\f	换页
\x	以十六进制表示字符	\o	以八进制表示字符

3. 字符串格式化

Python 支持格式化字符串的输出。尽管这样可能会用到非常复杂的表达式，但最基本的用法是将一个值插入一个有字符串格式符%s 的字符串中。在 Python 中，字符串格式化使用与 C 语言中 sprintf 函数一样的语法。从 Python 2.6 开始，新增了一种格式化字符串的函数 format()，它增强了字符串格式化的功能。

建议字符串格式化使用 format()，可以使用的格式主要有 b（二进制格式）、c（把整数转换为 Unicode 字符）、d（十进制格式）、o（八进制格式）、x（小写十六进制格式）、X（大写十六进制格式）、e/E（科学计数法格式）、f/F（固定长度的浮点格式）、%（使用固定长度浮点数显示百分数）。

从 Python 3.6.0 开始支持一种新的字符串格式化方法，称为 Formatted String Literals，其含义与字符串对象的 format()方法类似，但形式更加简洁。字符串格式化的例子如例 4-20 所示。

【例 4-20】 字符串基本操作（格式化）。具体代码如下。

程序代码：

```
# 例 4-20 字符串基本操作（格式化）
name = "王者"
age = 38

# 字符串格式化（%格式）
print("我叫 %s 今年 %d 岁!" % (name, age))

# 字符串格式化（format()）
print("我叫 {myname} 今年 {myage} 岁!".format(myname = name,myage = age))

# 字符串格式化（Formatted String Literals）
print(f"我叫 {name} 今年 {age} 岁!")
```

运行结果：

```
我叫 王者 今年 38 岁!
```

我叫 王者 今年 38 岁!
我叫 王者 今年 38 岁!

4. 字符串对象常用方法

字符串对象常用方法如表 4-5 所示。

表 4-5 字符串对象常用方法

名称	描述
capitalize()	将字符串的第一个字符转换为大写
count(str, beg=0,end=len(string))	返回 str 在 string 里面出现的次数，如果 beg 或者 end 指定则返回指定范围内 str 出现的次数
endswith(suffix, beg=0,end=len(str))	检查字符串是否以 obj 结束，如果 beg 或者 end 指定则检查指定范围内是否以 obj 结束，如果是，返回 True，否则返回 False
expandtabs(tabsize=8)	把字符串 string 中的 tab 符号转为空格，tab 符号默认的空格数是 8
find(str, beg=0 end=len(string))	检测 str 是否包含在字符串中，如果指定范围 beg 和 end，则检查是否包含在指定范围内，如果包含返回开始的索引值，否则返回-1
index(str, beg=0, end=len(string))	与 find()函数一样，只不过如果 str 不在字符串中会报一个异常
isalnum()	如果字符串至少有一个字符并且所有字符都是字母或数字则返回 True，否则返回 False
isalpha()	如果字符串至少有一个字符并且所有字符都是字母则返回 True，否则返回 False
isdigit()	如果字符串只包含数字则返回 True 否则返回 False
islower()	如果字符串中包含至少一个区分大小写的字符，并且所有这些（区分大小写的）字符都是小写，则返回 True，否则返回 False
isnumeric()	如果字符串中只包含数字字符，则返回 True，否则返回 False
isspace()	如果字符串中只包含空白，则返回 True，否则返回 False
isupper()	如果字符串中包含至少一个区分大小写的字符，并且所有这些（区分大小写的）字符都是大写，则返回 True，否则返回 False
join(seq)	以指定字符串作为分隔符，将 seq 中所有的元素（的字符串表示）合并为一个新的字符串
len(string)	返回字符串长度
lower()	转换字符串中所有大写字符为小写
lstrip()	截掉字符串左边的空格或指定字符
max(str)	返回字符串 str 中最大的字母
min(str)	返回字符串 str 中最小的字母
replace(old, new [, max])	将字符串中的 str1 替换成 str2，如果 max 指定，则替换不超过 max 次
rfind(str, beg=0,end=len(string))	类似 find()函数，不过是从右边开始查找
rindex(str, beg=0, end=len(string))	类似 index()函数，不过是从右边开始
rstrip()	删除字符串末尾的空格
split(str="", num=string.count(str))	num=string.count(str))以 str 为分隔符截取字符串，如果 num 有指定值，则仅截取 num 个子字符串
splitlines([keepends])	按照行('\r', '\r\n', \n')分隔，返回一个包含各行作为元素的列表，如果参数 keepends 为 False，不包含换行符，如果为 True，则保留换行符

续表

名称	描述
startswith(str, beg=0,end=len(string))	检查字符串是否是以 obj 开头，是则返回 True，否则返回 False。如果 beg 和 end 指定值，则在指定范围内检查
strip([chars])	在字符串上执行 lstrip()和 rstrip()
swapcase()	将字符串中大写转换为小写，小写转换为大写
upper()	转换字符串中的小写字母为大写
isdecimal()	检查字符串是否只包含十进制字符，如果是返回 True，否则返回 False

4.6　习题

1. 在列表数据结构中，第一个元素的索引是（　　）。
2. 编写程序实现列表定义和列表输出功能，如列表[1, 2, 5, 6]。
3. 简述 Python 序列中的“工厂函数”。

05 第5章　函数与模块

在程序编制中，一般把需要反复执行的代码封装为函数，在需要该功能的地方进行调用，以此来实现代码的复用。本章将介绍 Python 函数的定义和使用、lambda 表达式的知识及 Python 常用的内置函数和模块。

5.1　函数定义与使用

在程序编制过程中，为了实现代码复用和保证代码的一致性，人们常会把具有特定功能或经常使用的代码编写成独立的代码单元，称为“函数”，并赋予函数一个名称，当程序需要时就可以调用该函数并执行相应功能。

在程序中使用函数具有以下好处。

（1）可以将功能复杂的程序进行细化后交由多人开发，这样有利于团队分工，缩短开发周期。

（2）通过功能细化，可以有效缩减代码的长度，代码复用得以体现，当再次开发类似功能的产品时，只要稍做修改或直接引用就可以重复使用。

（3）程序可读性得到提高，代码调试相对简单，代码后期维护难度降低。

Python 系统中自带的一些函数叫作内置函数，如 print()、str()等，不需要用户自己编写，直接调用就可以执行。还有一种是第三方函数，就是其他程序员编好的一些函数，共享给大家使用。前面说的这两种函数都是拿来就可以直接使用的。用户自己编写的方便自己工作学习用的函数，就叫作自定义函数。

在 Python 中，函数定义的语法如下：

```
def 函数名([参数列表]):
    ''''''
    函数体
```

在 Python 中，定义函数要遵守以下简单的规则。

（1）函数定义以 def 关键词开头，后接函数名称和圆括号()。

（2）任何传入参数和自变量必须放在圆括号中间，圆括号之间可以用于定义参数，如果有多个参数则使用逗号（,）分割。

（3）函数的第一行语句可以选择性地使用注释文字，用于存放函数功能和使用说明。

（4）函数内容以冒号起始，并且要以空格缩进。

（5）return [表达式] 结束函数，选择性地返回一个值给调用方。不带表达式的 return 相当于返回 None。若有多个返回值时，则返回值之间必须用逗号分隔，调用时要有多个变量来接收返回值。

函数创建后并不会执行，必须在程序中调用该函数才会执行，调用函数的语法如下。

```
[变量 = ]函数名称([参数列表])
```

如果函数有返回值，可以使用变量来存储返回值，在函数的返回值对于调用不重要时可以忽略，即不使用变量存储函数返回值。函数使用的例子如例 5-1 所示。

【例 5-1】 函数定义之绘制正 n 边形。具体代码如下。

程序代码：

```
# 例 5-1 函数定义之绘制正 n 边形
def draw_mathematics(n,len):
    '''功能：绘制正 n 边形；
        参数：n  ：边数；
              len：边长。
    '''
    import turtle

    # 转换角度
    angle = 360 / n

    turtle.shape("turtle")

    turtle.pensize(5)
    turtle.color("red","green")
    for _ in range(n):
        turtle.forward(len)
        turtle.right(angle)

    return

# 函数调用，绘制正 5 边形，边长为 150。
draw_mathematics(5,150)
```

现在可以把选择结构的案例代码进行修改，采用函数调用方法进行改写，达到代码复用的目的。

5.2　函数的参数

函数定义时括号内是使用逗号分隔的参数列表，称作形式参数（简称形参）。函数可以有多个参数，也可以没有参数，即使没有参数，定义和调用函数时括号也必须存在，表示这是一个函数没有需要接收的参数。调用函数时传递的参数，称作实际参数（简称实参），将实参的引用（内存地址）传递给形参。定义函数时不需要声明参数类型，Python 解释器会根据实参的值自动推断形参类型。

Python 的函数参数主要分为以下几种：必选参数、默认参数、可变参数、关键字参数。

5.2.1 必选参数

必选参数可以说是最常见的，顾名思义，必选参数就是在调用函数的时候要传入和函数定义时数量一致的参数。

定义函数 draw_mathematics(len,n)时有两个参数，在调用该函数时 draw_mathematics(150,5)，可以看出调用函数时的参数和定义函数时参数数量相同。

5.2.2 默认参数

默认参数是指在定义函数的时候提供一些默认值，如果在调用函数的时候没有传递该参数，则自动使用默认值，否则使用传递时该参数的值。带有默认参数的函数定义语法如下。

```
def 函数名(...,形参名 = 默认值):
    函数体
```

函数使用默认参数的例子如例 5-2 所示。

【例 5-2】函数定义之绘制正 n 边形。具体代码如下。

程序代码：

```
# 例 5-2 函数定义之绘制正 n 边形
def draw_mathematics(n,len=150):
    '''功能：绘制正 n 边形；
          参数：n  ：边数；
                len：边长，默认参数，默认值为 150。
    '''
    import turtle
    angle = 360 / n  # 转换角度

    turtle.shape("turtle")

    turtle.pensize(5)
    turtle.color("red","green")
    for _ in range(n):
        turtle.forward(len)
        turtle.right(angle)

    return

# 函数调用，绘制正 5 边形，边长为默认参数 150。
draw_mathematics(5)
```

使用 draw_mathematics(5)语句调用函数时，只传递了一个参数，表明绘制一个正五边形，第二个参数采用定义时的默认值 150。当使用 draw_mathematics(5,100)语句调用函数时，传递了两个参数，函数定义时的默认参数值此时不被使用，而使用实参值 100。

函数默认参数只在定义时进行解释，对应列表、字典这样可变类型的默认参数，这一点可能会导致严重的逻辑错误，而这种错误或许会耗费大量精力来定位和纠正。函数代码如例 5-3 所示。

【例 5-3】函数定义之默认参数（可变对象）。具体代码如下。

程序代码：

```
# 例 5-3 函数定义之默认参数（可变对象）
def add_to_list(list = []):
    list.append('end')
    return list

# 函数调用
# OK
print(add_to_list([1,2,3]))
# OK
print(add_to_list(['a','b','c']))
# 没有传递参数，使用默认值，OK
print(add_to_list())
# 没有传递参数，使用默认值，两个'end'
print(add_to_list())
# 没有传递参数，使用默认值，三个'end'
print(add_to_list())
```

运行结果：

```
[1, 2, 3, 'end']
['a', 'b', 'c', 'end']
['end']
['end', 'end']
['end', 'end', 'end']
```

上面的函数使用列表作为默认参数，由于其可记忆性，连续多次调用该函数而没有给该参数传值时，再次调用时将保留上一次调用的结果，一般来说，要避免使用列表、字典、集合或其他可变序列作为函数参数的默认值，对于上面的函数，更建议使用下面的编写习惯，如例 5-4 所示。

【例 5-4】函数定义之默认参数（可变对象）-修改。具体代码如下。

程序代码：

```
# 例 5-4 函数定义之默认参数（可变对象）-修改
def add_to_list(list=None):
    if list is None:
        list = []
    list.append('end')
    return list

# 函数调用
# OK
print(add_to_list([1,2,3]))
# OK
print(add_to_list(['a','b','c']))
# 没有传递参数，使用默认值，一个'end'
print(add_to_list())
```

```
# 没有传递参数，使用默认值，一个'end'
print(add_to_list())
# 没有传递参数，使用默认值，一个'end'
print(add_to_list())
```

运行结果：

```
[1, 2, 3, 'end']
['a', 'b', 'c', 'end']
['end']
['end']
['end']
```

5.2.3 可变参数

在某些情况下，我们在定义函数的时候，无法预估函数应该指定多少个参数，这时我们就可以使用可变参数了，也就是说，函数的参数个数是不确定的。带有可变参数的函数定义语法如下。

```
def 函数名称(...,*参数):
    函数体
```

在上面的函数定义代码中，参数前面加一个*，表示此参数是可变的。在调用函数时，可以给该函数传递任意多个参数，也包括 0 个参数。

【例 5-5】定义一个求和函数 sum()，函数的参数个数不确定，使用可变参数*numbers。具体代码如下。

程序代码：

```
# 例 5-5 函数定义之可变参数
def sum(*numbers):
    num_sum = 0
    for num in numbers:
        num_sum += num
    return num_sum

# 函数调用
print(sum())
print(sum(1,2))
print(sum(1,2,3))
print(sum(1,2,3,4))
```

运行结果：

```
0
3
6
10
```

例 5-5 也可以采用如下方式调用。

```
#函数调用
# 列表
num = [1,2,3]
print(sum(*num))

# 元组
```

```
num = (1,2,3)
print(sum(*num))
```

运行结果：

```
6
6
```

5.2.4　关键字参数

可变参数允许将不定数量的参数传递给函数，关键字参数允许传入 0 个或任意个含参数名的参数，这些关键字参数在函数内部自动组装为一个 dict。带有关键字参数的函数定义语法如下。

```
def 函数名称(...,**参数):
函数体
```

【例 5-6】函数定义之关键字参数。具体代码如下。

程序代码：

```
# 例 5-6 函数定义之关键字参数
def sum(**numbers):
    num_sum = 0
    for key,value in numbers.items():
        num_sum += value
    return num_sum

# 函数调用
dict1 = {'x':1}
print(sum(**dict1))

dict2 = {'x':1,'y':2}
print(sum(**dict2))
```

运行结果：

```
1
3
```

关键字参数有什么用？它可以扩展函数的功能。例如，在 register()函数里，我们保证能接收到 name（用户名）和 age（年龄）这两个参数，但是，如果调用者愿意提供更多的参数，也可以接收到。试想正在做一个用户注册的功能，除了用户名和年龄是必填项外，其他都是选填项，利用关键字参数来定义这个函数就能满足注册的需求。

```
def register(name,age,**kw):
    print('name:',name,'age:',age,'other:',kw)
```

把 dic 作为关键字参数传入：

```
extra = {'city': 'Harbin', 'job': 'Engineer'}
register('MyName', 18, **extra)
```

运行结果：

```
name: MyName age: 18 other: {'city': 'Harbin', 'job': 'Engineer'}
```

5.2.5　参数组合

在实际使用中，我们经常会同时用到必选参数、默认参数、可变参数和关键字参数或其中的一些。但是，需要注意的是，它们在使用的时候是有顺序的，依次是必选参数、默认参数、可变参数和关键字参数。

例如，定义一个包含上述四种参数的函数，见例 5-7。

【例 5-7】函数定义之组合参数。具体代码如下。

程序代码：

```
# 例 5-7 函数定义之组合参数
def func(x,y=0,*args,**kwargs):
    print('x =', x)
    print('y =', y)
    print('args =', args)
    print('kwargs =', kwargs)

# 函数调用
print("# 必选参数")
func(1)
print("# 必选参数；默认参数")
func(1,2)
print("# 必选参数；默认参数；可变参数")
args = [1,2,3]
func(1,2,*args)
print("# 必选参数；默认参数；可变参数；关键字参数")
args = [1,2,3]
kwargs = {'kw1':1,'kw2':2}
func(1,2,*args,**kwargs)
```

运行结果：

```
# 必选参数
x = 1
y = 0
args = ()
kwargs = {}
# 必选参数；默认参数
x = 1
y = 2
args = ()
kwargs = {}
# 必选参数；默认参数；可变参数
x = 1
y = 2
args = (1, 2, 3)
kwargs = {}
# 必选参数；默认参数；可变参数；关键字参数
x = 1
y = 2
args = (1, 2, 3)
kwargs = {'kw1': 1, 'kw2': 2}
```

通过以上函数的定义和调用可知：

（1）默认参数需要放在所有必选参数的后面。

（2）应该使用不可变对象作为函数的默认参数。

（3）*args 表示可变参数，**kwargs 表示关键字参数。

（4）参数组合在使用的时候是有顺序的，依次是必选参数、默认参数、可变参数和关键字参数。

（5）*args 和**kwargs 是 Python 的惯用写法。

5.3　函数的返回值

函数的最后都会有一个返回值，使用 return 语句返回，可以用来获取该函数执行结果返回给调用该函数的用户，让调用该函数的程序根据返回的值不同采取相应的措施。返回值可以指定，但不是必须指定的，如果不指定默认返回 None。例子如例 5-8 所示。

【例 5-8】函数定义之返回值 1。具体代码如下。

程序代码：

```
# 例 5-8 函数定义之返回值
def test_is_pass(score):
     if (score < 60):
           return False
     else:
           return True


# 函数调用
print(test_is_pass(59))
print(test_is_pass(90))
```

运行结果：

```
False
True
```

函数遇到 return 后就结束，该函数 return 下的代码都不执行。

【例 5-9】函数定义之返回值 2。具体代码如下。

程序代码：

```
# 例 5-9 函数定义之返回值
def test_is_pass(score):
     if (score < 60):
           return False
     else:
           return True

     print("祝你取得更好成绩！")

# 程序调用
```

```
print(test_is_pass(90))
```

运行结果：

```
True
```

函数运行后，只输出了标志通过的“True”返回值，并没有执行 return 语句后面的内容，也就是没有输出"祝你取得更好成绩！"。

函数也可以返回多个值，返回多值其实就是返回一个 tuple，在语法上返回一个 tuple 可以省略括号，也可以返回列表。

【例 5-10】函数定义之多返回值。具体代码如下。

程序代码：

```
# 例 5-10 函数定义之多返回值
def swap(arg1,arg2):
    return arg2,arg1

# 程序调用
a = 1
b = 2
print(a,b)

print(swap(a,b))
a,b = swap(a,b)
print(a,b)
```

运行结果：

```
1 2
(2, 1)
2 1
```

函数在有多个返回值时，也可以返回列表。把上面代码的返回语句修改为 return [arg2,arg1] 即可。

运行结果：

```
1 2
[2, 1]
2 1
```

5.4 变量作用域

变量起作用的代码范围称为变量的作用域，不同的作用域内同名变量之间互不影响。Python 变量的作用域大概分为以下四类。

（1）L（Local）：局部作用域。

（2）E（Enclosing）：嵌套的父级函数的局部作用域。

（3）G（Global）：全局作用域。

（4）B（Built-in）：内建作用域。

Python 的变量解析遵循 LEGB 原则：以 L→E→G→B 的规则查找，即：在局部找不到，便会去局部外的局部找（例如闭包），再找不到就会去全局找，最后去内建中找。

【例 5-11】变量作用域之 LEGB。具体代码如下。

程序代码：

```
# 例 5-11 变量作用域之 LEGB
# 内建作用域
built_in_var = int(2.9)

# 全局作用域
global_var = 0
def outer():
    # 闭包函数外的函数中
    enclosing_var = 1
    def inner():
        # 局部作用域
        local_var = 2
```

在 Python 中，模块（module）、类（class）、函数（def、lambda）会产生新的作用域，其他代码块是不会产生作用域的，也就是说，类似条件判断（if...else）、循环语句（for x in data）、异常捕捉（try...catch）等的变量是可以全局使用的。

【例 5-12】变量作用域之循环语句中的变量。具体代码如下。

程序代码：

```
# 例 5-12 变量作用域之循环语句中的变量
list = [1, 2, 3, 4]
for data in list:
    # for 循环中的变量 a
    a = 1
    b = data + a

# 在函数外也可视为全局变量使用
print(a)
```

运行结果：

```
1
```

说明 for 循环中的变量 a 可以在函数外视为全局变量使用。

全局变量是指在函数外的变量，可以在程序全局使用，局部变量是指定义在函数内的变量，只能在函数内被声明使用。若在内部作用域想要修改外部作用域的变量，就要使用 global 关键字。

【例 5-13】变量作用域之修改变量（不使用 global）。具体代码如下。

程序代码：

```
# 例 5-13 变量作用域之修改变量（不使用 global）
var = 1
def update_var():
    var = 123
    print("函数内部：",var)
```

```
# 函数调用
update_var()
print("函数调用后: ",var)
```

运行结果:

```
函数内部: 123
函数调用后: 1
```

说明:

在函数 update_var()内部对 var 变量赋值，只相当于定义了一个局部变量，并不能修改全局变量 var。要想修改全局变量，需要在变量前加 global 关键字，表明 var 在函数内引用的是全局变量。

【例 5-14】变量作用域之修改变量（使用 global）。具体代码如下。

程序代码:

```
# 例 5-14 变量作用域之修改变量（使用 global）
var = 1
def update_var():
    global var
    var = 123
        print("函数内部: ",var)

# 函数调用
update_var()
print("函数调用后: ",var)
```

运行结果:

```
函数内部: 123
函数调用后: 123
```

5.5 函数的嵌套

在 Python 中允许在定义函数的时候，其函数体内又包含另外一个函数的完整定义，这就是我们通常所说的嵌套定义。函数是用 def 语句定义的，凡是其他语句可以出现的地方，def 语句同样可以出现。像这样定义在其他函数内的函数叫作内部函数，内部函数所在的函数叫作外部函数。当然，函数嵌套可以是多层嵌套，这样的话，除了最外层和最内层的函数之外，其他函数既是外部函数又是内部函数。

函数的嵌套还会涉及一个闭包（closure）概念，闭包（closure）是函数式编程的重要的语法结构。如果在一个内部函数里，对在外部作用域（但不是在全局作用域）的变量进行引用，那么内部函数就被认为是 closure。定义在外部函数内的但由内部函数引用或者使用的变量被称为自由变量。

Python 中还有一个 nonlocal 关键字，使用方法和 global 关键字类似，修改嵌套作用域（enclosing 作用域，外层非全局作用域）中的变量。

【例 5-15】变量作用域之修改变量（使用 nonlocal）。具体代码如下。

程序代码:

```
# 例 5-15 变量作用域之修改变量（使用 nonlocal）
number = 1
def func_outer():
    number = 2
    print("外部函数：",number)
    def func_inner():
        nonlocal number
        number = 3
        print("内部函数：",number)

    func_inner()

# 函数调用
func_outer()
print("函数调用后：",number)
```

运行结果：

```
外部函数：2
内部函数：3
函数调用后：1
```

5.6 lambda 表达式

前面已经讲到，可以使用 def 关键字定义函数，lambda 表达式也有定义函数的功能，不过还是有一些区别。

lambda 表达式常用来声明匿名函数，即没有函数名字的临时使用的小函数，实际上 lambda 表达式也可以有名字的。

lambda 表达式常用在临时需要一个类似函数的功能但又不想定义一个函数的场合。lambda 表达式只可以包含一个表达式，不允许包含其他复杂的语句，但在表达式中可以调用其他函数，并支持默认参数和关键字参数，该表达式的计算结果相当于函数的返回值。

lambda 表达式是 Python 中一类比较特殊的声明函数的方式。使用它可以声明一个匿名函数，所谓匿名函数是指所声明的函数没有函数名称，lambda 表达式就是一个简单的函数。使用 lambda 声明的函数返回一个值，在调用时可以直接使用 lambda 表达式的返回值。lambda 适用于定义小型函数。与 def 声明函数不同，使用 lambda 声明的函数，在函数中仅包含单一的参数表达式，而不能包含其他的语句。

lambda 声明函数的一般形式如下：

```
lambda 参数列表:表达式
```

函数和 lambda 表达式比较的例子如下。

【例 5-16】函数之 lambda 表达式（与函数比较）。具体代码如下。

程序代码：

```
# 例 5-16 函数之 lambda 表达式（与函数比较）
```

```
def sum(num1,num2):
    return num1 + num2

# 函数调用（包括 lambda 表达式）
a = 1
b = 2
print(sum(a,b))

# lambda 表达式:lambda a,b:a + b
print(lambda a,b:a + b)

sum_lambda = lambda a,b:a + b
print(sum_lambda(a,b))
```

运行结果：

```
3
<function <lambda> at 0x0000019C26ECC1E0>
3
```

内置函数中的 map()函数和 filter()函数的第一个参数都使用的是 lambda 表达式。

【例 5-17】函数之 lambda 表达式（内置函数）。具体代码如下。

程序代码：

```
# 例 5-17 函数之 lambda 表达式（内置函数）
list_old = [11, 22, 33]
new_list = map(lambda a: a + 100, list_old)

print(new_list)
print(list(new_list))
```

运行结果：

```
<map object at 0x0000023F30664588>
[111, 122, 133]
```

5.7 常用内置函数

内置函数（built-in functions,BIF）是 Python 内置对象类型之一，不需要额外导入任何模块就可以直接使用，这些内置对象都封装在内置模块__builtins__之中，并且进行大量优化，具有非常快的运算速度，推荐优先使用。Python 中常用的系统内置函数如表 5-1 所示。

表 5-1　Python 常用的内置函数

函数	功能
abs(x)	返回 x 的绝对值
chr(x)	返回整数 x 所表示的字符
divmod(x,y)	返回 x 除以 y 的商及余数组成元组
float(x)	将 x 转换为浮点数
hex(x)	将 x 转换为十六进制数

续表

函数	功能
int(x)	将 x 转换为整数
len(x)	返回参数 x 的元素个数
max(列表参数)	返回列表类型参数中的最大值
min(列表参数)	返回列表类型参数中的最小值
oct(x)	将 x 转换为八进制数字
ord(x)	返回字符 x 的 Unicode 编码
pow(x,y)	返回 x 的 y 次方
round(x)	返回 x 四舍五入的值
sorted(列表)	由小到大排序
str(x)	将 x 转换为字符串
sum(列表)	计算列表中元素的总和
type(对象)	返回对象的数据类型

以上函数可以按数学相关、类型转换、序列处理等进行分类。

1. 数学相关

表 5-1 的函数中属于数学相关的有 abs(x)、divmod(x,y)、len(x)、max()、min()、pow(x,y)、round(x)、sum()。数学相关函数使用的例子如下所示。

【例 5-18】常用内置函数（数学相关）。具体代码如下。

程序代码：

```
# 例 5-18 常用内置函数（数学相关）
num1 = -3.1415
num2 = 2

# abs()
print("abs(-3.1415) = ", abs(num1))
print("abs(2) = ", abs(num2))

# divmod()
print("divmod(-3.1415, 2) = ", divmod(num1, num2))
print("divmod(3.1415, 2) = ", divmod(abs(num1), num2))

# max()
print("max(-3.1415, 2) = ", max(num1, num2))

# min()
print("min(-3.1415, 2) = ", min(num1, num2))

# pow()
print("pow(-3.1415, 2) = ", pow(num1, num2))

# round()
print("round(-3.1415, 2) = ", round(num1, num2))
# round(3146, 2)在 Python 不同版本有差异
print("round(3.1465, 2) = ", round(abs(num1 + .005), num2))
```

```
# sum()
print("sum([-3.1415, 2]) = ", sum([num1, num2]))

# len()
print("len([-3.1415, 2]) = ", len([num1, num2]))
```

运行结果：

```
abs(-3.1415) =  3.1415
abs(2) =  2
divmod(-3.1415, 2) =  (-2.0, 0.8584999999999998)
divmod(3.1415, 2) =  (1.0, 1.1415000000000002)
max(-3.1415, 2) =  2
min(-3.1415, 2) =  -3.1415
pow(-3.1415, 2) =  9.86902225
round(-3.1415, 2) =  -3.14
round(3.146, 2) =  3.14
sum([-3.1415, 2]) =  -1.1415000000000002
len([-3.1415, 2]) =  2
```

round(3.146, 2) =3.14，按照函数说明和数学知识，结果应该为 3.15，这里需要注意。结果并不是计算错误，而是跟浮点数的精度有关。我们知道在机器中浮点数不一定能精确表达，因为换算成一串 1 和 0 后可能是无限位数的，机器已经做出了截断处理。那么在机器中保存的 3.146 这个数字就比实际数字要小一点点。这一点点就导致了它离 3.14 要更近一点点，所以保留两位小数时就近似到了 3.14。

2. 类型转换

表 5-1 的函数中属于类型转换的有 chr(x)、float(x)、hex(x)、int(x)、oct(x)、ord(x)、str(x)。类型转换函数使用的例子如下所示。

【例 5-19】常用内置函数（类型转换）。具体代码如下。

程序代码：

```
# 例 5-19 常用内置函数（类型转换）
num1 = 65
num2 = 3.14

str1 = '3.14'
str2 = '3'

# chr()
print("chr(65) = ", chr(num1))

# float()
print("float('3.14') = ", float(str1))
print("float(65) = ", float(num1))

# hex()
print("hex(65) = ", hex(num1))

# oct()
```

```
print("oct(65) = ", oct(num1))

# int()
print("int('3') = ", int(str2))
print("int(3.14) = ", int(num2))

# ord()
print("ord(A) = ", ord(chr(num1)))

# str()
print("str(65) = " + str(num1))
print("str(3.14) = " + str(num2))
```

运行结果：

```
chr(65) =  A
float('3.14') =  3.14
float(65) =  65.0
hex(65) =  0x41
oct(65) =  0o101
int('3') =  3
int(3.14) =  3
ord(A) =  65
str(65) = 65
str(3.14) = 3.14
```

3. 序列处理

表 5-1 的函数中属于序列处理的有 len(x)、max()、min()、sorted(x)、sum()。序列处理函数使用的例子如下所示。

【例 5-20】常用内置函数（序列处理）。具体代码如下。

程序代码：

```
# 例 5-20 常用内置函数（序列处理）
list = [1, 3, 5, 7, 9, 2, 4, 6, 8]

# len()
print("list 的元素个数：", len(list))

# max()
print("list 的元素中最大的数：", max(list))

# min()
print("list 的元素中最小的数：", min(list))

# sum()
print("list 的元素的和：", sum(list))

# sorted()
print("list 默认排序：", sorted(list))
print("list 降序排序：", sorted(list, reverse=True))
print("list 升序排序：", sorted(list, reverse=False))
```

运行结果：

```
list 的元素个数：9
list 的元素中最大的数：9
list 的元素中最小的数：1
list 的元素的和：45
list 默认排序：[1, 2, 3, 4, 5, 6, 7, 8, 9]
list 降序排序：[9, 8, 7, 6, 5, 4, 3, 2, 1]
list 升序排序：[1, 2, 3, 4, 5, 6, 7, 8, 9]
```

5.8 模块

5.8.1 模块的使用

模块是一个包含所有用户定义的函数和变量的文件，其后缀名是.py。模块可以被其他的程序引入，以使用该模块中的函数等功能。这也是使用 Python 标准库的方法。

在 Python 中用关键字 import 来引入某个模块，引入模块的语法如下。

```
import 模块名
```

例如要引用模块 math，就可以在文件最开始的地方用 import math 来引入。在调用 math 模块中的某个函数（如 abs()）时，必须这样引用：

```
math.abs()
```

为什么必须加上模块名这样调用呢？因为可能存在这样一种情况：在多个模块中含有相同名称的函数，此时如果只是通过函数名来调用，解释器无法知道到底要调用哪个函数。所以如果像上述这样引入模块的时候，调用函数必须加上模块名。

有时候我们只需要用到模块中的某个函数，只需要引入该函数即可，此时可以通过如下语句来实现。

```
from 模块名 import 函数名1,函数名2...
```

当然不仅仅可以引入函数，还可以引入一些常量。通过这种方式引入的时候，调用函数时只能给出函数名，不能给出模块名，但是当两个模块中含有相同名称函数的时候，后面一次引入会覆盖前一次引入。也就是说假如模块 A 中有函数 function( )，在模块 B 中也有函数 function( )，如果引入 A 中的 function 在先、B 中的 function 在后，那么当调用 function 函数的时候，是去执行模块 B 中的 function 函数。

如果想一次性引入模块中所有的东西，还可以通过 from 模块名 import *来实现，但是不建议这么做。

下面看一个例子，在文件 printhelloworld.py 中的代码如下。

```
#module printhelloworld.py

def print_helloworld():
    print("Hello World!")
```

```
#函数调用
print_helloworld ()
```

在模块 usehelloworld.py 中首先引入模块 printhelloworld.py，然后运行，文件代码如下所示。

```
#引入 usehelloworld.py，importhelloworld.py
import printhelloworld
```

运行结果：

```
Hello World!
```

也就是说在用 import 引入模块时，会将引入的模块文件中的代码执行一次。但是注意，只有第一次引入时才会执行模块文件中的代码，因为只有第一次引入模块时才进行加载，这样做不仅可以节约时间还可以节约内存。

5.8.2　数学模块

数学模块 math 中提供了大量与数学计算有关的对象，包括对数函数、指数函数、三角函数、误差计算和其他一些常用的数学函数。

（1）常数 pi 和 e。

（2）ceil(x)：向上取整，返回大于等于 x 的最小整数。

（3）floor(x)：向下取整，返回小于等于 x 的最大整数。

（4）factorial(x)：返回 x 的阶乘，要求 x 必须为正整数。

（5）log(x[,b])：如果不提供 b 参数则返回 x 的自然对数值，提供 b 参数则返回 x 以 b 为底的对数值。

（6）acos(x)、asin(x)、atan(x)：返回 x 的反余弦、反正弦、反正切函数值，结果为弧度。

（7）sin(x)、cos(x)、tan(x)：返回 x 的正弦函数值、余弦函数值、正切函数值，x 用弧度表示。

（8）degrees(x)、radians(x)：实现角度与弧度的互相转换。

（9）gcd(x,y)：返回整数 x 和 y 的最大公约数。

（10）sqrt(x)：返回正数 x 的平方根，等价于 x**0.5，但不能对负数求平方根，它不如运算符**功能强大。

5.8.3　随机模块

随机模块 random 中提供了大量与随机数和随机函数有关的对象，下面进行简单介绍。

（1）random()：返回左闭右开区间[0.0,1.0)范围内的浮点数。

（2）randrange([start,]stop[,step])：返回 range([start,]stop[,step])范围内的一个随机数。

（3）randint(start,end)：返回闭区间[start,end]范围内的随机整数。

（4）choice(seq)：从序列 seq 中随机选择一个元素并返回。

（5）sample(seq,k)：从列表、元组、集合、字符串和 range 对象 seq 中随机选择 k 个不同的（位置不同，并不是指元素值）元素，以列表形式返回。该函数不支持字典以及 map、zip、enumerate、filter 等惰性求值的迭代对象。

5.8.4 时间模块

在 Python 中，与时间处理相关的模块有：time、datetime 及 calendar。学会计算时间，对程序的调用非常重要，可以在程序中狂打时间戳，来具体判断程序中哪一块耗时最多，从而找到程序调用的重心。time 模块的具体内容如下。

（1）time.localtime([secs])：将一个时间戳转换为当前时区的 struct_time。若 secs 参数未提供，则以当前时间为准。

（2）time.gmtime([secs])：和 localtime()方法类似，gmtime()方法是将一个时间戳转换为 UTC 时区（0 时区）的 struct_time。

（3）time.time()：返回当前时间的时间戳。

（4）time.mktime(t)：将一个 struct_time 转化为时间戳。

（5）time.sleep(secs)：线程推迟指定的时间运行，单位为秒。

（6）time.clock()：需要注意，它在不同的系统上含义不同。在 UNIX 系统上，它返回的是“进程时间”，它是用秒表示的浮点数（时间戳）。在 Windows 系统中，第一次调用，返回的是进程运行的实际时间，而第二次之后的调用是自第一次调用以后到现在的运行时间。

5.9 习题

1. 使用函数编写程序实现闰年判定功能。
2. 表达式 chr(ord('b'))的值是（　　）。
3. 每一个 Python 的（　　）都可以被当作一个模块。导入模块使用关键字（　　）。
4. 编写求和函数 sum()，实现三个整数相加。

06

第6章　面向对象程序设计

6.1　面向对象程序设计简介

面向对象程序设计（Object-Oriented Programming，OOP）是开发计算机应用程序的一种方法和思想，已成为业界主流的程序设计方法。使用OOP技术，能够大幅提高程序代码复用率，更加有利于软件的开发、维护和升级。

6.1.1　面向过程与面向对象

面向过程是一种以事件为中心的编程思想，以功能（行为）为导向，按模块化设计，就是分析出解决问题所需要的步骤，然后用函数把这些步骤一步一步实现，使用的时候一个一个依次调用就可以了。

面向对象是一种以事物为中心的编程思想，以数据（属性）为导向，将具有相同一个或者多个属性的物体抽象为“类”，将它们包装起来；而有了这些数据（属性）之后，我们再考虑它们的行为（对这些属性进行什么样的操作），把构成问题事务分解成各个对象，建立对象的目的不是为了完成一个步骤，而是为了描述某个事物在整个解决问题的步骤中的行为。

例如五子棋，面向过程的设计思路就是首先分析问题的步骤：

开始游戏→黑子先走→绘制画面→判断输赢→轮到白子→绘制画面→判断输赢→返回步骤2→输出最后结果。

把上面每个步骤用不同的函数来实现，问题就解决了。

面向对象的设计则是从另外的思路来解决问题。按照面向对象的设计思路，五子棋包括以下内容：

① 黑白双方，这两方的行为是一模一样的；

② 棋盘系统，负责绘制画面；

③ 规则系统，负责判定诸如犯规、输赢等。

第一类对象（玩家对象）负责接收用户输入，并告知第二类对象（棋盘对象）棋子布局的变化，棋盘对象接收到了棋子的变化就要负责在屏幕上面显示出这种变化，同时利用第三类对象（规则系统）来对棋局进行判定。

可以明显地看出，面向对象是以功能来划分问题，而不是步骤。从上例中可以看出采用面向对象编程技术有如下优点。

（1）符合人们解决问题的思维习惯。同样是绘制棋局，这样的行为在面向过程的设计中分散在了众多步骤中，很可能出现不同的绘制版本，因为通常设计人员会考虑到实际情况进行各种各样的简化。而面向对象的设计中，绘图只可能在棋盘对象中出现，从而保证了绘图的统一。

（2）易于软件的维护和功能的扩展。比如要加入悔棋的功能，如果要改动面向过程的设计，那么从输入判断到显示这一连串的步骤都要改动，甚至步骤之间的顺序都要进行大规模调整。如果是面向对象的话，只用改动棋盘对象就行了，棋盘系统保存了黑白双方的棋谱，简单回溯就可以了，而显示和规则判断则不用顾及，同时整个对对象功能的调用顺序都没有变化，改动只是局部的。

（3）可重用性好。面向对象编程技术中的类、对象、继承等概念大大提高了软件代码的复用率，保证了代码的编写质量，从而提高了软件开发效率。

6.1.2 面向对象的主要特性

面向对象具有封装性、继承性和多态性三种主要特征。

（1）封装性：封装，顾名思义就是将内容封装到某个地方，以后再去调用被封装在某处的内容。对于面向对象的封装来说，其实就是使用构造方法将内容封装到对象中，然后通过对象直接或者通过 self 间接获取被封装的内容。

（2）继承性：面向对象中的继承和现实生活中的继承相同，即子可以继承父的内容。对于面向对象的继承来说，其实就是将多个类共有的方法提取到父类中，子类仅需继承父类而不必一一实现每个方法。除了子类和父类的称谓，还可能看到过派生类和基类，它们与子类和父类只是叫法不同而已。

（3）多态性：多态按字面的意思就是“多种状态”，在面向对象语言中，接口的多种不同的实现方式即为多态。多态意味着就算不知道变量所引用的对象类是什么，还是能对它进行操作，而它也会根据对象（或类）类型的不同而表现出不同的行为。

6.2 类的定义和实例化

面向对象编程是一种编程方式，此编程方式需要使用“类”和“对象”来实现，所以，面向对象编程其实就是对“类”和“对象”的使用。类就是一个模板，模板里可以包含多个函数，函数里实现一些功能。对象则是根据模板创建的实例，通过实例对象可以执行类中的函数。

在 Python 中，类的定义和函数的定义有相似之处，函数定义使用 def 关键字，类定义使用 class 关键字，类定义的语法如下所示。

```
class ClassName:
    """Optional class documentation string"""
    class_suite
```

Python 使用 class 关键字定义类，类的名字紧随其后，还要有一个冒号 (:)，最后换行并定义类的内部实现（定义数据成员和成员方法），类的名字遵循与变量命名同样的规则，通常类名的首字母需要大写。在类定义的语法中有一个文档字符串，作为类的功能描述，可以通过 ClassName.__doc__访问（函数的文档字符串也可以用函数名.__doc__访问）；class_suite 由定义类成员、数据属性和函数的所有语句组成。

【例 6-1】类的定义。具体代码如下。

程序代码：

```
# 例 6-1 类的定义
class Student:
    """Student 为学生类"""

# 打印类的文档字符串
print(Student.__doc__)
```

运行结果：

```
Student 为学生类
```

定义了类之后，就可以用来实例化对象，然后通过“对象名.成员”的形式来访问其中的数据成员或成员方法。类实例化例子如下。

【例 6-2】类的实例化。具体代码如下。

程序代码：

```
# 例 6-2 类的实例化
class Student:
    """Student 为学生类"""
    def info(self,  name):
        print("My name is", name, ".");

# 类实例化代码
student = Student()
student.info("王者")
```

运行结果：

```
My name is 王者 .
```

上面类定义的代码中有一个成员方法 info(self,name)，包含两个参数，一个是 self，另一个是 name。任何 Python 类方法的第一个参数都是 self，但是 self 在 Python 中并不是一个保留字，它只是一个命名习惯（也就是说 self 可以改为其他参数名，但建议用户遵守这个命名习惯）。在类方法中，self 指向方法被调用的类实例，但在__init__方法（类的初始化方法）中，self 指向新创建的对象。

成员方法 info(self, name)在定义时包含两个参数，调用时第一个参数不需要指定，交由 Python 自动处理；在调用方法时使用了点访问运算符（.），点访问运算符可以用来访问对象的属性和方法，对象名在点运算符的左侧，属性和方法在点运算符的右侧。

6.3 数据成员与成员方法

6.3.1 私有成员与公有成员

私有成员在类的外部不能直接访问，一般在类的内部进行访问和操作，或者在类的外部通过调用对象的公有成员方法来访问，这是类的封装特性的重要体现。公有成员是可以公开使用的，即可以在类的内部进行访问，也可以在外部程序中使用。

Python 中类的成员函数、成员变量默认都是公开的（public），而且 Python 中没有类似 public、private 等关键词来修饰成员函数、成员变量。

在 Python 中定义私有成员只需要在变量名或函数名前加上“__”（两个下划线），那么这个函数或变量就变成私有的了。在内部，Python 使用一种 name mangling 技术，将__membername 替换成_classname__membername，所以在外部使用原来的私有成员的名字时，会提示找不到。Python 的私有成员并不是真正意义上的私有，在类外部也可以调用。

类的私有成员和公有成员的例子如下所示。

【例 6-3】面向对象之类的私有成员和公有成员。具体代码如下。

程序代码：

```
# 例 6-3 面向对象之类的私有成员和公有成员
class Student():
        def __init__(self, name, age):
              super(Student, self).__init__();
              # 成员变量，公有
              self._name = name
              # 成员变量，私有
              self.__age = age

        # 成员方法，公有
        def get_name(self):
              print(self._name)

        # 成员方法，私有
        def __get_age(self):
              print(self.__age)

if __name__ == '__main__':
      student = Student("小茗",20)
      # 查看对象的所有成员
      print(dir(student))
      # 外部访问类的公有成员变量（非私有成员变量）
      print(student._name)
      # 外部访问类的公有成员方法（非私有成员方法）
      student.get_name()
```

```
# 外部访问类的私有成员变量（以转换后的名称）
print(student._Student__age)
# 外部访问类的私有成员方法（以转换后的名称）
student._Student__get_age()
```

运行结果：

```
['_Student__age', '_Student__get_age', '__class__', '__delattr__', '__dict__',
'__dir__', '__doc__', '__eq__', '__format__', '__ge__', '__getattribute__', '__gt__',
'__hash__', '__init__', '__init_subclass__', '__le__', '__lt__','__module__', '__ne__',
'__new__', '__reduce__', '__reduce_ex__', '__repr__', '__setattr__', '__sizeof__',
'__str__', '__subclasshook__', '__weakref__', 'name', 'get_name']
小茗
小茗
20
20
```

说明：程序中使用内置函数 dir()查看 student 对象的所有成员，也可以使用内置函数 dir()来查看指定对象、模块或命名空间的所有成员。

代码 __name__ == '__main__'的含义：__name__是当前模块名，当模块被直接运行时模块名为 __main__ 。这句话的意思就是，当模块被直接运行时，以下代码块将被运行，当模块是被导入时，代码块不被运行。

在 Python 中，以下划线开头和结束的成员名有特殊的含义，在类的定义中用下划线作为变量名和方法名前缀和后缀往往表示类的特殊成员。

（1）_xxx：以一个下划线开头，表示保护成员，不能用“from module import *”导入，只有类对象和子类对象可以访问这些成员。

（2）__xxx：以两个下划线开头，表示类的私有成员，一般只有类对象自己能访问，子类对象也不能直接访问该成员，但可以通过“对象名._类名__xxx”这样的特殊方式来访问。

（3）__xxx__：前后各两个下划线，表示系统定义的特殊成员。

6.3.2　数据成员

数据成员用来说明对象特有的一些属性，如人的身份证号、姓名、年龄、性别、身高、学历，汽车的品牌、颜色、最高时速，蛋糕的名称、尺寸、配料，书的名字、作者、ISBN、出版社、出版日期等。

数据成员大致可以分为两类：属于对象的数据成员和属于类的数据成员。

（1）属于对象的数据成员：主要指在构造函数__init__()中定义的（当然也可以在其他成员方法中定义），定义和使用时必须以 self 作为前缀（这一点是必需的），同一个类的不同对象（实例）之间的数据成员之间互不影响。

（2）属于类的数据成员：是该类所有对象共享的，不属于任何一个对象，在定义类时这类数据成员不在任何一个成员方法的定义中。在主程序中或类的外部，对象数据成员属于实例（对象），只能通过对象名访问；而类数据成员属于类，可以通过类名或对象名访问。另外，在 Python 中可以动态地为类和对象增加成员，这也是 Python 动态类型的一种重要体现。

数据成员的例子如下所示。

【例 6-4】 面向对象之类的数据成员。具体代码如下。

程序代码：

```
# 例 6-4 面向对象之类的数据成员
class Car(object):
    # 属于类的数据成员
    price = 100000
    def __init__(self, color):
        # 属于对象的数据成员
        self.color = color

if __name__ == '__main__':
    # 实例化两个对象
    car1 = Car('red')
    car2 = Car('blue')

    # 访问对象和类的数据成员
    print(car1.color, Car.price)

    # 修改类的属性
    Car.price = 110000
    # 动态增加类的属性
    Car.name = 'QQ'
    # 修改实例的属性
    car1.color = 'yellow'

    print(car2.color, Car.price, Car.name)
    print(car1.color, Car.price, Car.name)

    # 定义一个函数
    def set_speed(self, speed):
        self.speed = speed

    # 导入 types 模块
    import types

    # 动态为对象增加成员方法
    car1.set_speed = types.MethodType(set_speed, car1)

    # 调用对象的成员方法
    car1.set_speed(50)
    print(car1.speed)

    # car2.set_speed(30)
```

```
# print(car2.speed)
```

运行结果：

```
red 100000
blue 110000 QQ
yellow 110000 QQ
50
```

接下来测试一下 car2 能否访问到为 car1 对象增加的成员方法。

```
car2.set_speed(30)
print(car2.speed)
```

果然报错了（错误信息：AttributeError: 'Car' object has no attribute 'setSpeed'），说明为 car1 动态增加的方法只能被 car1 引用。

6.3.3 方法

方法是用来描述对象所具有的行为，例如，列表对象的追加元素、插入元素、删除元素、排序，字符串对象的分隔、连接、排版、替换，烤箱的温度设置、烘烤等。

在类中定义的方法可以粗略分为四大类：公有方法、私有方法、类方法和静态方法。

1. 实例方法

公有方法、私有方法一般是指属于对象的实例方法，可以统称为实例方法，这样的话在一个类内可以出现实例方法、类方法和静态方法三种。其中私有方法的名字以两个下划线（__）开始。每个对象都有自己的公有方法和私有方法，在这两类中都可以访问属于类和对象的成员；公有方法通过对象名直接调用，私有方法不能通过对象名直接调用，只能在实例方法中通过 self 调用或在外部通过 Python 支持的特殊方式来调用。

类的所有实例方法都必须至少有一个名为 self 的参数，并且必须是方法的第一个形参（如果有多个形参的话），self 参数代表对象本身。在类的实例方法中访问实例属性时需要以 self 为前缀，但在外部通过对象名调用对象方法时并不需要传递这个参数，如果在外部通过类名调用属于对象的公有方法，需要显式地为该方法的 self 参数传递一个对象名，用来明确指定访问那个对象的数据成员。

【例 6-5】面向对象之实例方法。具体代码如下。

程序代码：

```
# 例 6-5 面向对象之实例方法
class Test(object):
    """docstring for Test"""
    def __init__(self, arg=None):
        super(Test, self).__init__()
        self.arg = arg

    def say_hello(self):
        print("公有方法 say_hello(): ",'hello world')
        # 类内调用私用方法
        self.__say_hello()
```

```
    def __say_hello(self):
        print("私有方法__say_hello(): ",'hello world')


def main():
    # 1. 首先实例化 test 类
    test = Test()
    # 2. 再调用实例方法（公有方法）,公有方法调用了私有方法
    test.say_hello()
    # 以_Test__sayHello()方式调用私有方法
    test._Test__say_hello()

if __name__ == '__main__':
    main()
```

运行结果：

```
公有方法 say_hello(): hello world
私有方法__say_hello(): hello world
私有方法__say_hello(): hello world
```

2. 类方法

类方法以 cls 作为第一个参数，cls 表示类本身，定义时使用@classmethod 装饰器，表明该方法可以直接用类名来调用，当然也可以通过实例访问。在类方法内通过 cls 可以访问类的数据成员和类方法，也可以访问静态方法。

【例 6-6】面向对象之类方法。具体代码如下。

程序代码：

```
# 例 6-6 面向对象之类方法
class Test(object):
    """docstring for Test"""
    hello_world = "Hello World!"
    def __init__(self, arg=None):
        super(Test, self).__init__()
        self.arg = arg

    def say_hello(self):
        print("hello world")

    @staticmethod
    def say_bad():
        print("say bad")

    @classmethod
    def say_good(cls):
        print("say good")
        print(cls.hello_world)
        # cls.say_hello()
        cls.say_bad()
```

```
def main():
    test = Test()
    test.say_hello()

    # 直接类名.方法名()来调用
    Test.say_bad()
    # 直接类名.方法名()来调用
    Test.say_good()

    # 对象名.方法名()来调用
    test.say_bad()
    # 对象名.方法名()来调用
    test.say_good()

if __name__ == '__main__':
    main()
```

运行结果：

```
hello world
say bad
say good
Hello World!
say bad
say bad
say good
Hello World!
say bad
```

当把类方法 say_good(cls)中的# cls.say_hello()代码去掉注释，也就是在类方法内试图访问实例方法，此时运行程序会出错，错误提示大致为“TypeError: say_hello() missing 1 required positional argument: 'self'”，错误提示已经明确了 say_hello()是实例方法。

3. 静态方法

静态方法和类方法不同，静态方法没有参数限制，既不需要实例参数，也不需要类参数，定义的时候使用@staticmethod 装饰器，同@classmethod 装饰器一样，表明该方法可以直接用类名来调用，也可以通过实例访问。在静态方法内可以用类名访问类方法，也可以访问静态方法，但不可以直接访问实例方法。

【例 6-7】面向对象之静态方法。具体代码如下。

程序代码：

```
# 例 6-7 面向对象之静态方法
class Test(object):
    """docstring for Test"""
    hello_world = "Hello World!"
    def __init__(self, arg=None):
        super(Test, self).__init__()
        self.arg = arg
```

```
    def say_hello(self):
        print("hello world")

    @staticmethod
    def say_bad():
        print("say bad")
        Test.say_nothing()
        Test.say_good()
        print(Test.hello_world)

    @staticmethod
    def say_nothing():
        print("say nothing")

    @classmethod
    def say_good(cls):
        print("say good")

def main():
    test = Test()

    #调用静态方法：类名.方法名()
    Test.say_bad()

    #调用静态方法：实例.方法名()
    test.say_bad()

if __name__ == '__main__':
    main()
```

运行结果：

```
say bad
say nothing
say good
Hello World!
say bad
say nothing
say good
Hello World!
```

6.4 属性

公开的数据成员可以在外部随意访问和修改，很难控制用户修改时新数据的合法性。解决这一问题的常用方法是定义私有数据成员，然后设计公开的成员方法来提供对私有数据成员的读取和修改操作，修改私有数据成员时可以对值进行合法性检查，提高了程序的稳健性，保证了数据的完整性。属性结合了公开数据成员和成员方法的优点，既可以像成员方法那样对值进行必要的检查，又可以像数据成员一样灵活地访问。

属性又可以分为类数据属性和实例数据属性。类数据属性通常都用来保存与类相关联的值，不依赖于任何类实例。实例数据属性是与某个类的实例相关联的数据值，这些值独立于其他实例或类。当一个实例被释放后，它的属性同时也被清除。在大多数情况下，实例数据属性要比类数据属性用得更多一些。

对于类数据属性和实例数据属性，使用方法如下。

（1）类数据属性属于类本身，可以通过类名进行访问和修改。

（2）类数据属性也可以被类的所有实例访问和修改。

（3）在类定义之后，可以通过类名动态添加类数据属性，新增的类数据属性也被类和所有实例公有。

（4）实例数据属性只能通过实例访问。

（5）在实例生成后，还可以动态添加实例数据属性，但是这些实例数据属性只属于该实例。

【例 6-8】面向对象之属性（实例属性与类属性）。具体代码如下。

程序代码：

```
# 例 6-8 面向对象之属性（实例属性与类属性）
class Animal(object):
    # 类属性：动物数量
    count = 0
    def __init__(self, name, age):
        Animal.count = Animal.count + 1
        # 实例属性：动物名称
        self.name = name
        # 实例属性：动物年龄
        self.age = age

if __name__ == '__main__':
    dog = Animal('black dog', 3)
    print("动物数量：", Animal.count)
    print("Name:", dog.name)
    print("Age:", dog.age)
    dog.color = 'Black'
    print("Color:", dog.color)

    # 实例属性：是否有 baby（动态添加）
    dog.hasChildren = True
    print("hasChildren:", dog.hasChildren)

    cat = Animal('white cat', 4)
    print("动物数量：", Animal.count)

    # 此行代码会出错
    #print("hasChildren:", cat.hasChildren)

    def animal_type(self, type):
```

```
        self.type = self.type


    import types


    # 动态为对象增加成员方法
    Animal.animal_type = types.MethodType(animal_type, Animal)

    blackCat = Animal('black cat', 4)
    blackCat.animal_type = "波斯猫"
    print("动物数量: ",Animal.count)
    print("动物类型: ",blackCat.animal_type)

    whiteCat = Animal('white cat', 4)
    print("动物数量: ",Animal.count)
    print("动物类型: ",whiteCat.animal_type)
```

运行结果:

```
动物数量: 1
Name: black dog
Age: 3
Color: Black
hasChildren: True
动物数量: 2
动物数量: 3
动物类型: 波斯猫
动物数量: 4
动物类型: <bound method animal_type of <class '__main__.Animal'>>
```

上例中直接在__init__中定义实例公有属性，从封装性来说，它是不好的写法。为了属性定义规范和访问安全，可以对属性加以访问控制，可以使用@propery 关键字进行属性定义，这样就起到属性定义的规范和访问限定作用。用此关键字获取、设置函数时，必须与属性名一致。

@property 可以把一个实例方法变成其同名属性，以支持“.”访问，它亦可标记设置限制，加以规范，代码如下所示。

【例 6-9】面向对象之属性（@property）。具体代码如下。

程序代码:

```
# 例 6-9 面向对象之属性（@property）
class Animal(object):
    def __init__(self, name, age):
        self._name = name
        self._age = age
        self._color = 'Black'

    @property
    def name(self):
        return self._name
```

```
    @name.setter
    def name(self, value):
        if isinstance(value, str):
            self._name = value
        else:
            self._name = 'No name'

    @property
    def age(self):
        return self._age

    @age.setter
    def age(self, value):
        if value > 0 and value < 100:
            self._age = value
        else:
            self._age = 0
            # print("invalid age value.")

    @property
    def color(self):
        return self._color

    @color.setter
    def color(self, value):
        self._color = value;


dog = Animal('black dog', 3)
print("Name:",dog.name)
print("Age:",dog.age)

dog.name = 'white dog'
dog.age = 5
print("Name:",dog.name)
print("Age:",dog.age)
```

运行结果：

```
Name: black dog
Age: 3
Name: white dog
Age: 5
```

为了属性定义规范和访问安全，除了使用关键字@property 对属性进行定义和访问控制外，还可以使用 property()函数，它是以一个函数的方式定义属性，使用 property()定义属性的语法如下：

```
属性名 = property(fget=None, fset=None, fdel=None, doc=None)
```

【例 6-10】面向对象之属性（property()）。具体代码如下。

程序代码：

```
# 例 6-10 面向对象之属性（property()）
class Animal(object):
    '使用property()定义属性'
    def __init__(self, name, age):
        self._name = name
        self._age = age
        self._color = 'Black'

    def get_name(self):
        return self._name

    def set_name(self, value):
        if isinstance(value, str):
            self._name = value
        else:
            self._name = 'No name'

    def del_name(self):
        del self._name

    name = property(fget=get_name, fset=set_name, fdel=del_name, doc="name of an
animal")

    def get_age(self):
        return self._age

    def set_age(self, value):
        if value > 0 and value < 100:
            self._age = value
        else:
            self._age = 0
            # print("invalid age value.")

    age = property(fget=get_age, fset=set_age, fdel=None, doc="age of an animal")


dog = Animal('black dog', 3)
print("Name:", dog.name)
print(Animal.name.__doc__)
print("Age:", dog.age)

dog.name = 'white dog'
dog.age = 3
print("Name:", dog.name)
print(Animal.name.__doc__)
print("Age:", dog.age)
```

运行结果：

```
Name: black dog
name of an animal
```

```
Age: 3
Name: white dog
name of an animal
Age: 3
```

从以上使用 property()定义属性的例子看出，可以更加全面地对属性进行保护，可以设置属性的只读属性（fset=None）、可读写属性（为 fget 和 fset 参数赋值），也可以对属性进行删除操作。

在上例最后增加删除 name 属性代码并在之后访问该属性，程序会报错。

```
del dog.name
print('Name:', dog.name)
```

错误提示为“AttributeError: 'Animal' object has no attribute '_name'”。

对于所有的类，还有着一组特殊的属性，如表 6-1 所示，通过这些属性可以查看类的一些信息。

表 6-1 类的特殊属性

类属性	含义
__name__	类的名字（字符串）
__doc__	类的文档字符串
__bases__	类的所有父类组成的元素
__dict__	类的属性组成的字典
__module__	类所属的模块
__class__	类对象的类型

6.5 继承

6.5.1 类的简单继承

面向对象的编程带来的主要好处之一是代码的重用，实现这种重用的方法之一是通过继承机制。继承用于指定一个类将从其父类获取其大部分或全部功能。它是面向对象编程的一个特征。这是一个非常强大的功能，方便用户对现有类进行几个或多个修改来创建一个新的类。新类称为子类或派生类，从其继承属性的主类称为基类或父类。

子类或派生类继承父类的功能，向其添加新功能。它有助于代码的可重用性。

继承的语法如下所示。

```
class 派生类(基类):
    派生类类内语句
```

假如用户需要定义几个类，而类与类之间有一些公共的属性和方法，这时就可以把相同的属性和方法作为基类的成员，而特殊的方法及属性则在本类中定义，这样只需要继承基类这个动作，就可以访问到基类的属性和方法了，它提高了代码的可扩展性。

在 Python 中继承中有以下特点。

（1）在继承中基类的构造（__init__()方法）不会被自动调用，它需要在其派生类的构造中专门调用。

（2）在调用基类的方法时，需要加上基类的类名前缀，且需要带上 self 参数变量，也可以使用内置函数 super()代替基类名。区别于在类中调用普通函数时并不需要带上 self 参数。

（3）Python 总是首先在本类中（即派生类）查找对应类型的方法，如果它不能在派生类中找到对应的方法，才开始到基类中逐个查找。

【例 6-11】面向对象之继承。具体代码如下。

程序代码：

```
# 例 6-11 面向对象之继承
class Person(object):
      def __init__(self, name, gender):
          self.name = name
          self.gender = gender
          print("Person 类__ini__()。", "姓名：", self.name)

class Student(Person):
      def __init__(self, name, gender, score):
          super(Student, self).__init__(name, gender)
          self.score = score
          print("Student 类__ini__()。", "姓名：", self.name)

if __name__ == "__main__":
      person = Person("PersonName ", "男")
      student = Student("StudentName ", "男", 100)
```

运行结果：

```
Person 类__ini__()。 姓名：PersonName
Person 类__ini__()。 姓名：StudentName
Student 类__ini__()。 姓名：StudentName
```

任何事情都有利有弊：继承的一个弱点就是，可能特殊的本类又有其他特殊的地方，又会定义一个类，其下也可能再定义类，这样就会造成继承的那条线越来越长，使用继承的话，任何一点小的变化也需要重新定义一个类，很容易引起类的爆炸式增长，产生一大堆有着细微不同的子类。所以有个“多用组合少用继承”的原则。

6.5.2 类的多重继承

Python 子类可以继承一个基类，也可以继承多个基类，这就是多重继承。类的多重继承的语法如下：

```
class 派生类(基类 1,基类 2,...):
    派生类类内语句
```

Python 的类如果继承了多个类，在 Python 2.2 版本其寻找方法的方式有两种，分别是深度优先和广度优先。

至于是深度优先还是广度优先的继承，需要先了解经典类和新式类，如果当前类或者父类继承了 Object 类，那么该类就是新式类，否则便是经典类。

（1）深度优先：当类是经典类时，多重继承情况下，会按照深度优先的方式查找。

（2）广度优先：当类是新式类时，多重继承情况下，会按照广度优先的方式查找。

Python 的类如果继承了多个类，在 Python 3.x 版本其寻找方法遵循 MRO 原则，可以通过类的__mro__属性输出对应的方法寻找顺序。

__mro__属性显示指定类的所有继承脉络和继承顺序，假如这个指定的类不具有某些方法和属性，但与其有血统关系的类中具有这些属性和方法，则在访问这个类本身不具有的这些方法和属性时，会按照__mro__显示出来的顺序一层一层向后查找，直到找到为止。

【例 6-12】面向对象之多重继承（经典类）。具体代码如下。

程序代码：

```
# 例 6-12 面向对象之多重继承（经典类）
class P1():
    def foo(self):
        print("p1-foo")

class P2():
    def foo(self):
        print("p2-foo")

    def bar(self):
        print("p2-bar")

class C1(P1,P2):
    pass

class C2(P1,P2):
    def bar(self):
        print("C2-bar")

class D(C1,C2):
    pass


if __name__ =='__main__':
    #只有新式类有__mro__属性，列出查找顺序
    print(D.__mro__)
    d=D()
    d.foo()
    d.bar()
```

运行结果：

```
(<class '__main__.D'>, <class '__main__.C1'>, <class '__main__.C2'>, <class
'__main__.P1'>, <class '__main__.P2'>, <class 'object'>)
p1-foo
C2-bar
```

注意

在例 6-12 中定义类时，把没有基类的类指定 object 为基类，这些类就成为新式类，运行结果如下。

```
(<class '__main__.D'>, <class '__main__.C1'>, <class '__main__.C2'>, <class '__main__.P1'>, <class '__main__.P2'>, <class 'object'>)
p1-foo
C2-bar
```

通过对两次的运行结果对比可以看出，两次的输出结果相同，由此可知，在 Python 3.7.0 版本中，经典类和新式类关于方法的查找采用了同样的查找顺序，即按类的__mro__属性列出的继承关系顺序进行查找。

6.6 多态

多态是指基类的同一方法在不同派生类对象中具有不同的表现和行为。不同的派生类对象调用相同的基类方法，产生了不同的执行结果，这样可以增加代码的外部调用灵活度，多态以继承和重写父类方法为前提条件，多态只是调用方法的技巧，不会影响类的内部设计。

首先看例 6-13 是没有使用多态的示例。

【例 6-13】面向对象之多态（没有使用多态）。具体代码如下。

程序代码：

```
# 例 6-13 面向对象之多态（没有使用多态）
class ArmyDog(object):

    def bite_enemy(self):
        print("追击敌人。")

class DrugDog(object):

    def track_drug(self):
        print("追查毒品。")


class Person(object):

    def work_with_army(self, dog):
        dog.bite_enemy()

    def work_with_drug(self, dog):
        dog.track_drug()


person = Person()
person.work_with_army(ArmyDog())
person.work_with_drug(DrugDog())
```

运行结果：

```
追击敌人。
```

追查毒品。

接下来看例 6-14 是使用多态的示例。

【例 6-14】 面向对象之多态（使用多态）。具体代码如下。

程序代码：

```
# 例 6-14 面向对象之多态（使用多态）
class Dog(object):
    def work(self):
        pass


class ArmyDog(Dog):
    def work(self):
        print("追击敌人。")


class DrugDog(Dog):
    def work(self):
        print("追查毒品。")


class Person(object):
    # 只要能接收父类对象，就能接收子类对象
    def work_with_dog(self, dog):
        # 只要父类对象能工作，子类对象就能工作。并且不同子类会产生不同的执行效果。
        dog.work()


person = Person()
person.work_with_dog(ArmyDog())
person.work_with_dog(DrugDog())
```

运行结果：

```
追击敌人。
追查毒品。
```

6.7　特殊方法和运算符重载

6.7.1　构造函数和析构函数

Python 在进行类定义时可以有__init__()和__del__()两个特殊方法，分别称作构造函数和析构函数，它们在进行类的实例化和对象删除时起到了重要作用。

__init__()这个构造函数，具有初始化的作用，也就是当该类被实例化的时候就会执行该函数。可以把要先初始化的属性放到这个函数里面。

__del__()是析构函数，当使用 del 删除对象时，会调用它本身的析构函数，另外当对象在某

个作用域中调用完毕，在跳出其作用域的同时析构函数也会被调用一次，这样可以用来释放内存空间。

【例 6-15】面向对象之构造函数和析构函数。具体代码如下。

程序代码：

```
# 例 6-15 面向对象之构造函数和析构函数
class Animal(object):
    """Animal 类"""
    def __init__(self):
        print("__ini__():", "Animal 类构造函数。")

    def __del__(self):
        print("__del__():", "Animal 类析构函数。")

animal = Animal()
del animal
```

运行结果：

```
__ini__(): Animal 类构造函数。
__del__(): Animal 类析构函数。
```

6.7.2 运算符重载

在 Python 中，除了构造函数和析构函数之外，还有大量的特殊方法（见表 6-2）支持更多的功能，例如，运算符重载就是通过在类中重写特殊函数来实现的。在自定义类时如果重写了某个特殊方法即可支持对应的运算符，具体实现了什么工作则完全可以根据需要来定义。

表 6-2 类的特殊方法

函数	功能说明
__new__()	类的静态方法，用于确定是否要创建对象
__init__()	构造函数，生成对象时调用
__del__()	析构函数，释放对象时调用
__add__()	+
__sub__()	-
__mul__()	*
__truediv__()	/
__floordiv__()	//
__mod__()	%
__pow__()	**
__repr__()	打印、转换
__setitem__()	按照索引赋值
__getitem__()	按照索引获取值
__len__()	计算长度
__call__()	函数调用
__contains__()	in

续表

<table>
<tr><th>函数</th><th>功能说明</th></tr>
<tr><td>__eq__()、__ne__()、__lt__()、
__le__()、__gt__()、__ge__()</td><td>==、!=、<、<=、>、>=</td></tr>
<tr><td>__str__()</td><td>转化为字符串</td></tr>
<tr><td>___lshift__()、__rshift__()</td><td><<、>></td></tr>
<tr><td>__and__()、__or__()、__invert__()、__xor__()</td><td>&、|、~、^</td></tr>
<tr><td>__iadd__()、__isub__()</td><td>+=、-=</td></tr>
</table>

6.8 习题

1. 简述面向对象的主要特征。
2. 简述类的构造方法和析构方法的定义和功能。
3. 实例方法的第一个参数是（　　）。
4. 类方法以（　　）作为第一个参数。

07

第7章　编程规范

Python 非常重视代码的可读性，对代码布局、排版和变量命名等都有非常严格的要求，本章从代码规范、注释规范和命名规范几方面进行介绍。在实际工作中，许多项目都有自己的编程规范，在出现编程规范冲突时，优先考虑项目自身的规范。

7.1　代码规范

1. 代码缩进

Python 代码统一使用 4 个空格缩进，禁止使用 Tab 键缩进。在把单行内容拆成多行编写时，要么与首行保持对齐，要么首行留空，从第二行起统一缩进 4 个空格；为与后面的代码区分，可以使用 8 个空格缩进。

2. 行宽

每行代码尽量不要超过 80 个字符（在特殊情况下可以略微超过 80 个字符，但最长不得超过 120 个字符），原因如下。

（1）在查看 side-by-side 的 diff 时很有帮助。

（2）方便在控制台下查看代码。

（3）每行代码太长可能使设计有缺陷。

3. 引号

简单来说，自然语言使用双引号，机器标示使用单引号，因此代码里多数应该使用单引号。

（1）自然语言，使用双引号" "，例如错误信息，很多情况还是 unicode 编码，使用 u"你好世界"。

（2）机器标识，使用单引号' '，例如 dict 里的 key。

（3）正则表达式，使用原生双引号 r" "，文档字符串 （docstring）使用三个双引号""" """。

4. 空行

（1）模块级函数和类定义之间空两行。

（2）类成员函数之间空一行。

```
class MyClass:

    def __init__(self):
        pass

    def hello(self):
        pass


def main():
    pass
```

（3）可以使用多个空行分隔多组相关的函数。

（4）函数中可以使用空行分隔出逻辑相关的代码。

5. 程序文件编码

（1）如无特殊情况，文件一律使用 UTF-8 编码。

（2）如无特殊情况，文件头部必须加入#-*-coding:utf-8-*-标识。

6. import 语句

（1）import 语句应该分行书写。

```
# 正确的写法
import os
import sys

# 不推荐的写法
import sys,os

# 正确的写法
from subprocess import Popen, PIPE
```

（2）import 语句应该使用 absolute 的 import 语句。

```
# 正确的写法
from foo.bar import Bar

# 不推荐的写法
from ..bar import Bar
```

（3）import 语句应该放在文件头部，置于模块说明及 docstring 之后，于全局变量之前。

（4）import 语句应该按照顺序排列，每组之间用一个空行分隔。

```
import os
import sys

import msgpack
import zmq

import foo
```

（5）导入其他模块的类定义时，可以使用相对导入。

```
from myclass import MyClass
```

（6）如果发生命名冲突，则可使用命名空间。

```
import bar
import foo.bar

bar.Bar()
foo.bar.Bar()
```

7. 空格

（1）在二元运算符（=,-,+=,==,>,in,is not, and）两边各空一格。

```
# 正确的写法
i = i + 1
submitted += 1
x = x * 2 - 1
hypot2 = x * x + y * y
c = (a + b) * (a - b)

# 不推荐的写法
i=i+1
submitted +=1
x = x*2 - 1
hypot2 = x*x + y*y
c = (a+b) * (a-b)
```

（2）函数的参数列表中，逗号之后要有空格。

```
# 正确的写法
def complex(real, imag):
    pass

# 不推荐的写法
def complex(real,imag):
    pass
```

（3）函数的参数列表中，默认值等号两边不要添加空格。

```
# 正确的写法
def complex(real, imag=0.0):
    pass

# 不推荐的写法
def complex(real, imag = 0.0):
    pass
```

（4）左括号之后，右括号之前不要加多余的空格。

```
# 正确的写法
spam(ham[1], {eggs: 2})

# 不推荐的写法
spam( ham[1], { eggs : 2 } )
```

（5）字典对象的左括号之前不要有多余的空格。

```
# 正确的写法
dict['key'] = list[index]

# 不推荐的写法
dict ['key'] = list [index]
```

（6）不要为对齐赋值语句而使用额外的空格。

```
# 正确的写法
x = 1
y = 2
long_variable = 3

# 不推荐的写法
x             = 1
y             = 2
long_variable = 3
```

8. 换行

（1）括号内换行，Python 支持括号内的换行。这时有两种情况。

① 第一种，第二行缩进到括号的起始处。

```
foo = long_function_name(var_one, var_two,
                         var_three, var_four)
```

② 第二种，第二行缩进 4 个空格，适用于起始括号就换行的情形。

```
def long_function_name(
    var_one, var_two, var_three,
    var_four):
    print(var_one)
```

（2）反斜杠“\”换行，在使用反斜杠换行时，二元运算符“+”和“.”等应出现在行末，长字符串也可以用此法换行。

```
session.query(MyTable).\
        filter_by(id=1).\
        one()
print 'Hello, '\
      '%s %s!' %\
      ('Harry', 'Potter')
```

（3）禁止复合语句，严格禁止使用复合语句，即一行中不允许包含多个语句。

```
# 正确的写法
do_first()
do_second()
do_third()

# 不推荐的写法
do_first();do_second();do_third();
```

（4）if/for/while 语句一定要换行。

```
# 正确的写法
if foo == 'blah':
    do_blah_thing()
```

```
# 不推荐的写法
if foo == 'blah': do_blash_thing()
```

9. docstring

docstring 的规范中要保证最基本的两点要求。

① 所有的公共模块、函数、类、方法，都应该写 docstring。私有方法不一定需要，但应该在 def 后提供一个块注释来说明。

② docstring 的结束"""应该独占一行，除非此 docstring 只有一行。

```
"""Return a foobar
Optional plotz says to frobnicate the bizbaz first.
"""

"""Oneline docstring"""
```

7.2 注释规范

7.2.1 代码注释

1. 块注释

“#”后空一格，段落间用空行分开（同样需要#）。

```
# 块注释
# 块注释
#
# 块注释
# 块注释
```

2. 行注释

至少使用两个空格和语句分开，注意不要使用无意义的注释。

```
# 正确的写法
x = x + 1  # 边框加粗一个像素

# 不推荐的写法(无意义的注释)
x = x + 1  # x加1
```

3. 建议

在代码的关键部分（或比较复杂的地方），注释要尽可能详细。

比较重要的注释段，使用多个等号隔开，可以更加醒目，突出重要性。

```
app = create_app(name, options)

# =====================================
# 请勿在此处添加 get post 等 app 路由行为 !!!
# =====================================
```

```
if __name__ == '__main__':
    app.run()
```

7.2.2　文档注释

作为文档的 docstring 一般出现在模块头部及函数和类的头部，这样在 Python 中可以通过对象的__doc__对象获取文档。编辑器和 IDE 也可以根据 docstring 给出自动提示。

（1）文档注释以"""开头和结尾，首行不换行，如有多行，末行必须换行，以下是 Google 的 docstring 风格示例：

```
# -*- coding: utf-8 -*-
"""Example docstrings.

This module demonstrates documentation as specified by the 'Google Python
Style Guide'_. Docstrings may extend over multiple lines. Sections are created
with a section header and a colon followed by a block of indented text.

Example:
    Examples can be given using either the ''Example'' or ''Examples''
    sections. Sections support any reStructuredText formatting, including
    literal blocks::

        $ python example_google.py

Section breaks are created by resuming unindented text. Section breaks
are also implicitly created anytime a new section starts.
"""
```

（2）不要在文档注释复制函数定义原型，而是具体描述其具体内容，解释具体参数和返回值等。

```
#  不推荐的写法(不要写函数原型等无用的内容)
def function(a, b):
    """function(a, b) -> list"""
    ... ...

#  正确的写法
def function(a, b):
    """计算并返回 a 到 b 范围内数据的平均值"""
    ... ...
```

（3）对于函数参数、返回值等的说明采用 numpy 标准，具体如下所示。

```
def func(arg1, arg2):
    """在这里写函数的一句话总结(如: 计算平均值).

    这里是具体描述.

    参数
    --------
    arg1 : int
        arg1 的具体描述
```

```
    arg2 : int
        arg2 的具体描述

    返回值
    --------
    int
        返回值的具体描述

    参看
    --------
    otherfunc : 其他关联函数等...

    示例
    --------
     示例使用 doctest 格式，在'>>>'后的代码可以被文档测试工具作为测试用例自动运行

    >>> a=[1,2,3]
    >>> print [x + 3 for x in a]
    [4, 5, 6]
    """
```

（4）文档注释不限中英文，但不要中英文混用。

（5）文档注释不是越长越好，通常一两句话能把情况说清楚即可。

（6）模块、公有类、公有方法，能写文档注释的，应该尽量写文档注释。

7.3 命名规范

1. 模块

模块尽量使用小写命名，首字母保持小写，尽量不要用下划线（除非多个单词，且数量不多的情况）。

```
# 正确的模块名
import decoder
import html_parser

# 不推荐的模块名
import Decoder
```

2. 类名

类名使用驼峰（CamelCase）命名风格，首字母大写，私有类可用一个下划线开头。

```
class Farm():
    pass

class AnimalFarm(Farm):
    pass
```

```
class _PrivateFarm(Farm):
    pass
```

将相关的类和顶级函数放在同一个模块里。不需要像 Java 那样，没必要限制一个类一个模块。

3. 函数

函数名一律小写，如有多个单词，用下划线隔开。

```
def run():
    pass

def run_with_env():
    pass
```

私有函数在函数前加一个下划线开头。

```
class Person():

    def _private_func():
        pass
```

4. 变量名

变量名采取小写，如有多个单词，用下划线隔开。

```
if __name__ == '__main__':
    count = 0
    school_name = ''
```

5. 常量

常量采用全大写，如有多个单词，用下划线隔开。

```
MAX_CLIENT = 100
MAX_CONNECTION = 1000
CONNECTION_TIMEOUT = 600
```

7.4 习题

1. 举例说明常量的命名规范。
2. 举例说明类、方法、变量的命名规范。
3. Python 代码注释有哪几种方式？
4. Python 代码统一使用（　　）个空格缩进。

08 第8章　错误和异常

Python 程序中（至少）有两种错误：语法错误（syntax errors）和异常（exceptions）。

8.1　语法错误

语法错误，也称作解析错误。当用户编写程序后运行时，如果程序中有语法错误，在 Python shell 下运行程序会出现“SyntaxError: invalid syntax”的提示信息。在 IDLE 环境下运行会出现图 8-1 所示的错误提示，并在程序代码中进行红色亮显。

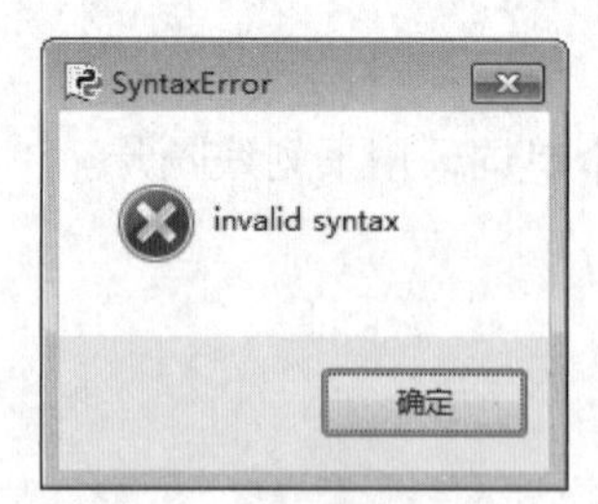

图 8-1　语法错误提示

用户修改完语法错误后，程序才能正常运行。

8.2　异常

即使一条语句或表达式在语法上是正确的，当试图执行它时也可能会引发错误。运行期检测到的错误称为异常，并且程序不会无条件地崩溃，后面会讲如何在 Python 程序中处理它们。然而，大多数异常都不会被程序处理，触发异常的例子如下所示。

【例 8-1】异常（被零除）。具体代码如下。

程序代码：

```
# 例 8-1 异常（被零除）
num = 0
```

```
print("num = ", num1)
print("num = " + num)
print("1 / 0 = ", 1 / num)
```

运行结果：以上 3 条打印语句分别执行，会依次出现对应的错误提示。

（1）命名错误（NameError）

```
Traceback (most recent call last):
  File "D:\Programs\Python\Python37-32\eighth.py", line 7, in <module>
    print("num = ", num1)
NameError: name 'num1' is not defined
```

（2）类型错误（TypeError）

```
Traceback (most recent call last):
  File "D:\Programs\Python\Python37-32\eighth.py", line 8, in <module>
    print("num = " + num)
TypeError: can only concatenate str (not "int") to str
```

（3）零除错误（ZeroDivisionError）

```
Traceback (most recent call last):
  File "D:\Programs\Python\Python37-32\eighth.py", line 9, in <module>
    print("1 / 0 = ", 1 / num)
ZeroDivisionError: division by zero
```

错误信息的最后一行指出发生了什么错误。异常也有不同的类型，异常类型作为错误信息的一部分显示出来：示例中的异常分别为零除错误（ZeroDivisionError）、命名错误（NameError）和类型错误（TypeError）。打印错误信息时，异常的类型作为异常的内置名显示。对于所有的内置异常都是如此，不过用户自定义异常就不一定了。标准异常名是内置的标识（没有保留关键字）。

错误信息的最后一行冒号（:）后的内容是关于该异常类型的详细说明，这意味着它的内容依赖于异常类型。错误信息的前半部分以堆栈的形式列出异常发生的位置。通常在堆栈中列出了源代码行，然而，来自标准输入的源码不会显示出来。

内置的标准异常如表 8-1 所示。

表 8-1　Python 标准异常

异常名称	异常说明
AssertionError	断言语句（assert）失败
AttributeError	尝试访问未知的对象属性
EOFError	用户输入文件末尾标志 EOF（Ctrl+D）
FloatingPointError	浮点计算错误
GeneratorExit	generator.close()方法被调用的时候
ImportError	导入模块失败的时候
IndexError	索引超出序列的范围
KeyError	字典中查找一个不存在的关键字
KeyboardInterrupt	用户输入中断键（Ctrl+C）
MemoryError	内存溢出（可通过删除对象释放内存）
NameError	尝试访问一个不存在的变量

续表

异常名称	异常说明
NotImplementedError	尚未实现的方法
OSError	操作系统产生的异常（例如打开一个不存在的文件）
OverflowError	数值运算超出最大限制
ReferenceError	不存在的变量被引用
RuntimeError	一般的运行时错误
StopIteration	迭代器没有更多的值
SyntaxError	Python 的语法错误
IndentationError	缩进错误
TabError	Tab 和空格混合使用
SystemError	Python 编译器系统错误
SystemExit	Python 编译器进程被关闭
TypeError	不同类型间的无效操作
UnboundLocalError	访问一个未初始化的本地变量（NameError 的子类）
UnicodeError	Unicode 相关的错误（ValueError 的子类）
UnicodeEncodeError	Unicode 编码时的错误（UnicodeError 的子类）
UnicodeDecodeError	Unicode 解码时的错误（UnicodeError 的子类）
UnicodeTranslateError	Unicode 转换时的错误（UnicodeError 的子类）
ValueError	传入无效的参数
ZeroDivisionError	除数为 0

8.3 异常处理

通过编程捕获异常并处理是可行的。看下面的例子：它会一直要求用户输入，直到输入一个合法的整数为止，但允许用户中断这个程序（使用 Ctrl+C 组合键或系统支持的任何方法）。注意：用户产生的中断会引发一个 KeyboardInterrupt 异常。

【例 8-2】异常处理。程序代码如下所示。

程序代码：

```
# 例 8-2 异常处理
while True:
    try:
        num = int(input("请输入一个数值："))
        print("您输入的数值是：", num)
        break
    except ValueError:
        print("您输入的不是合法的数据，请重新输入。")
```

运行结果：

```
请输入一个数值：a
您输入的不是合法的数据，请重新输入。
请输入一个数值：8
```

```
您输入的数值是：8
```

try 语句按如下方式工作。

首先，执行 try 子句（在 try 和 except 关键字之间的部分）。如果没有异常发生，except 子句在 try 语句执行完毕后就被忽略了。如果在 try 子句执行过程中发生了异常，那么该子句其余的部分就会被忽略。如果异常匹配于 except 关键字后面指定的异常类型，就执行对应的 except 子句。然后继续执行 try 语句之后的代码。

如果发生了一个异常，在 except 子句中没有与之匹配的分支，它就会传递到上一级 try 语句中。如果最终仍找不到对应的处理语句，它就成为一个 未处理异常，终止程序运行，显示提示信息。

一个 try 语句可能包含多个 except 子句，分别指定处理不同的异常。至多只会有一个分支被执行。异常处理程序只会处理对应的 try 子句中发生的异常，在同一个 try 语句中，其他子句中发生的异常则不做处理。一个 except 子句可以在括号中列出多个异常的名字，例如：

```
except (RuntimeError, TypeError, NameError):
    pass
```

最后一个 except 子句可以省略异常名称，以作为通配符使用。还是需要慎用此法，因为它会轻易隐藏一个实际的程序错误！可以使用这种方法打印一条错误信息，然后重新抛出异常（允许调用者处理这个异常）。

【例 8-3】异常处理之抛出异常。程序代码如下所示。

程序代码：

```
# 例 8-3 异常处理之抛出异常
import sys

try:
    f = open('myfile.txt')
    s = f.readline()
    i = int(s.strip())
except OSError as err:
    print("OS error: {0}".format(err))
except ValueError:
    print("Could not convert data to an integer.")
except:
    print("Unexpected error:", sys.exc_info()[0])
    raise
```

try...except 语句可以带有一个 else 子句，该子句只能出现在所有 except 子句之后。当 try 语句没有抛出异常时，需要执行一些代码，可以使用这个子句。

【例 8-4】异常处理之 else 子句。带有 else 子句的程序代码如下所示。

程序代码：

```
# 例 8-4 异常处理之 else 子句
import sys

for arg in sys.argv[1:]:
    try:
```

```
        f = open(arg, 'r')
    except IOError:
        print("cannot open", arg)
    else:
        print(arg, "has", len(f.readlines()), 'lines')
        f.close()
```

使用 else 子句比在 try 子句中附加代码要好，因为这样可以避免 try...except 意外的截获本来不属于它们保护的那些代码抛出的异常。

发生异常时，可能会有一个附属值，作为异常的参数存在。这个参数是否存在、是什么类型，依赖于异常的类型。

在异常名（列表）之后，也可以为 except 子句指定一个变量。这个变量绑定于一个异常实例，它存储在 instance.args 的参数中。为了方便起见，异常实例定义了 __str__()，这样就可以直接访问打印参数而不必引用.args。相反，更好的做法是给异常传递一个参数（如果要传递多个参数，可以传递一个元组），把它绑定到 message 属性。一旦异常发生，它会在抛出前绑定所有指定的属性。

【例 8-5】异常处理之打印信息。代码如下所示。

程序代码：

```
# 例 8-5 异常处理之打印信息
try:
    raise Exception('parm', 'value')
except Exception as inst:
    #  exception 实例
    print(type(inst))
    #  参数存储在.args
    print(inst.args)
    #  __str__ allows args to be printed directly,
    #  but may be overridden in exception subclasses
    #  unpack args
    print(inst)

    x, y = inst.args
    print("x =", x)
    print("y =", y)
```

运行结果：

```
<class 'Exception'>
('parm', 'value')
('parm', 'value')
x = parm
y = value
```

对于那些未处理的异常，如果它们带有参数，那么就会被作为异常信息的最后部分（“详情”）打印出来。

异常处理器不仅仅处理那些在 try 子句中立刻发生的异常，也会处理那些 try 子句中调用的函数内部发生的异常。

【例 8-6】异常处理之函数内部发生异常。程序代码如下所示。

程序代码：

```
# 例 8-6 异常处理之函数内部发生异常
# 倒数
def div_by_arg(num):
    return 1 / num

# 调用 div_by_arg()
num = 0
print("1 / num = ", div_by_arg(num))
```

运行结果：

```
Traceback (most recent call last):
  File "D:\Programs\Python\Python37-32\eighth.py", line 12, in <module>
    print("1 / num = ", divByArg(num))
  File "D:\Programs\Python\Python37-32\eighth.py", line 9, in divByArg
    return 1 / num
ZeroDivisionError: division by zero
```

8.4　抛出异常

raise 语句允许程序员强制抛出一个指定的异常。例如：

```
>>> raise NameError('HiThere')Traceback (most recent call last):
  File "<stdin>", line 1, in ?NameError: HiThere
```

要抛出的异常由 raise 的唯一参数标识。它必须是一个异常实例或异常类（继承自 Exception 的类）。

如果需要明确一个异常是否抛出，但不想处理它，raise 语句可以很简单地重新抛出该异常。

【例 8-7】异常处理之抛出异常。程序代码如下所示。

程序代码：

```
# 例 8-7 异常处理之抛出异常
class IllegalError(Exception):
      '''Custom exception types'''
      def __init__(self, parameter, para_value):
           err = 'The parameter "{0}" is not legal:{1}'.format(parameter, para_value)
           Exception.__init__(self, err)
           self.parameter = parameter
           self.para_value = para_value
try:
    raise IllegalError("count", "a")
except IllegalError:
    print("异常：IllegalError。")
raise
```

运行结果：

```
Traceback (most recent call last):
   File "C:\Users\wsf\Desktop\Python 书目 0814\代码\第 8 章代码.py", line 98, in <module>
```

```
    raise IllegalError("count", "a")
IllegalError: The parameter "count" is not legal:a
```

8.5 用户自定义异常

在程序中可以通过创建新的异常类型来命名自己的异常，上节程序中的类 IllegalError 就是用户自定义异常。异常类通常应该直接或间接从 Exception 类派生，自定义异常的例子如下所示。

【例 8-8】异常处理之自定义异常。程序代码如下所示。

程序代码：

```
# 例 8-8 异常处理之自定义异常
class MyError(Exception):
      def __init__(self, value):
          self.value = value

          def __str__(self):
              return repr(self.value)

try:
      raise MyError(2*2)
except MyError as e:
      print("My exception occurred, value:", e.value)
```

运行结果：

```
My exception occurred, value: 4
```

在这个例子中，Exception 默认的 __init__() 被覆盖。新的方式简单地创建 value 属性，这就替换了原来创建 args 属性的方式。

异常类中可以定义任何其他类中定义的东西，但是通常为了保持简单，只在其中加入几个属性信息，以供异常处理语句进行提取。如果一个新创建的模块中需要抛出几种不同的错误时，一个通常的作法是为该模块定义一个异常基类，然后针对不同的错误类型派生出对应的异常子类。

【例 8-9】异常处理之自定义异常基类。程序代码如下所示。

程序代码：

```
# 例 8-9 异常处理之自定义异常基类
class Error(Exception):
    """模块异常基类。"""
    pass

class InputError(Error):
    """输入引发的异常。
       属性：
       expression -- input expression in which the error occurred.
       message -- explanation of the error.
    """
    def __init__(self, expression, message):
       self.expression = expression
```

```
        self.message = message

class TransitionError(Error):
    """状态转换异常。
        属性：
        previous -- state at beginning of transition.
        next -- attempted new state.
        message -- explanation of why the specific transition is not allowed.
    """
    def __init__(self, previous, next, message):
        self.previous = previous
        self.next = next
        self.message = message
```

与标准异常相似，大多数异常的命名都以"Error"结尾。很多标准模块中都定义了自己的异常，用以报告在他们所定义的函数中可能发生的错误。

8.6　定义清理行为

try 语句还有另一个可选的子句，目的在于定义在任何情况下都一定要执行的功能。

【例 8-10】异常处理之 finally 子句。程序代码如下所示。

程序代码：

```
# 例 8-10 异常处理之 finally 子句
try:
    raise KeyboardInterrupt
finally:
    print("finally 子句,必定执行！")
```

运行结果：

```
finally 子句,必定执行！
Traceback (most recent call last):
  File "D:\Programs\Python\Python37-32\eighth.py", line 8, in <module>
    raise KeyboardInterrupt
KeyboardInterrupt
```

不管有没有发生异常，finally 子句在程序离开 try 后都一定会被执行。当 try 语句中发生了未被 except 捕获的异常（或者它发生在 except 或 else 子句中），在 finally 子句执行完后它会被重新抛出。try 语句经由 break、continue 或 return 语句退出也一样会执行 finally 子句。

【例 8-11】异常处理之 finally 子句（复杂例子）。程序代码如下所示。

程序代码：

```
# 例 8-11 异常处理之 finally 子句（复杂例子）
def divide(x, y):
    try:
        result = x / y
    except ZeroDivisionError:
        print("被零除错误！")
```

```
    else:
        print("结果: ", result)
        return
    finally:
        print("finally 子句! ")

# divide(2,5)
print("(1)divide(2,5)")
divide(2,5)

# divide(2,0)
print("（2）divide(2,0)")
divide(2,0)

# divide('2','5')
print("（3）divide('2','5')")
divide("2","5")
```

运行结果：

```
（1）divide(2,5)
结果: 0.4
Finally 子句!
（2）divide(2,0)
被零除错误!
Finally 子句!
（3）divide("2","5")
Finally 子句!
Traceback (most recent call last):
  File "D:\Programs\Python\Python37-32\eighth.py", line 27, in <module>
    divide("2","5")
  File "D:\Programs\Python\Python37-32\eighth.py", line 8, in divide
    result = x / y
TypeError: unsupported operand type(s) for /: 'str' and 'str'
```

从运行结果可知，finally 子句在任何情况下都会执行。TYPEERROR 在两个字符串相除的时候抛出，未被 except 子句捕获，因此在 finally 子句执行完毕后重新抛出。

在真实场景的应用程序中，finally 子句用于释放外部资源（关闭文件、断开数据库链接或网络连接等），无论它们的使用过程中是否出错。

8.7 预定义清理行为

有些对象定义了标准的清理行为，无论对象操作是否成功，不再需要该对象的时候也会起作用。以下示例尝试打开文件并把内容打印到屏幕上。

```
for line in open("myfile.txt"):
    print(line)
```

这段代码的问题在于在代码执行完后没有立即关闭打开的文件。这在简单的脚本里没什么，但是大型应用程序就会出问题。with 语句使文件之类的对象可以确保总能及时准确地进行清理。

```
with open("myfile.txt") as file:
    for line in file:
        print(line)
```

语句执行后，文件 file 总会被关闭，即使是在处理文件中的数据时出错也一样。其他对象是否提供了预定义的清理行为要查看它们的文档。

8.8　习题

1. 在进行异常处理时，不论是否触发异常，(　　)子句代码都会被执行。
2. 在 Python 程序的错误中，(　　)是可以避免的，(　　)不可以避免。

09

第9章 文件操作

Python 支持文件的读写操作和目录操作，本章将介绍文件基础知识、文件操作和数据维度等内容。

9.1 文件基础知识

1. 文件的概念

文件是磁盘上的一个指定位置，用来存储相关信息。它用于永久地将数据存储在非易失性的内存中（例如：硬盘、U 盘、移动硬盘、光盘等）。将数据长期保存成文件，在需要的时候使用。

在 Windows 系统中，文件可以是文本文档、图片、程序等，且通常会有相应的扩展名（例如：.txt、.jpg、.py 等）。而在 Linux 操作系统中，一切皆文件。

对于 Python 而言，文件是一种类型对象，像前面介绍的其他类型（例如：str）一样。

2. 文件的分类

（1）根据数据的存储方式和结构，可以将文件分为顺序存取文件和随机存取文件。

① 顺序存取文件（Sequential Access File）：顺序存取文件的结构比较简单。在该文件中，只知道第一个数据的位置，其他数据的位置不知道。查找数据时，只能从文件头开始，一个（或一行）数据一个（或一行）数据顺序读取。

② 随机存取文件（Random Access File）：又称直接存取文件，简称随机文件或直接文件。在访问随机文件中的数据时，可以根据需要访问文件中的任一记录。

（2）根据数据性质，文件可以分为程序文件和数据文件。

（3）根据数据的编码方式，文件又可分为 ASCII 文件和二进制文件。

① ASCII 文件：又称文本文件，它以 ASCII 方式保存文件。该文件可以用文字处理软件建立和修改，以纯文本文件保存。

② 二进制文件（Binary File）：以二进制方式保存的文件。该文件不能用普通的编辑软件进行查看，存储空间占用少。

9.2 文件基本操作

文件处理必须把文件首先读入内存，在内存中对文件进行处理，再将处理的结果写入文件，最后关闭文件。

文件操作步骤如下。

（1）打开或建立文件（open）：在创建新文件或使用旧文件之前，必须先打开文件。打开文件的操作会为这个文件在内存中准备一个读写时使用的缓冲区，并且声明文件在什么地方、叫什么名字及文件处理方式如何等。

（2）进行文件读/写操作（read/write）：从磁盘将数据缓冲到内存的过程称为“读”文件，从内存将数据存到磁盘的过程称为“写”文件。这些可以通过相应的文件读写函数完成。

（3）关闭文件（close）：打开文件进行读/写操作后，文件必须关闭，否则会造成数据丢失。关闭文件会把文件缓冲区的数据全部写入磁盘，释放掉该文件占用的缓存区空间。

9.2.1 打开文件

使用 Python 内置函数 open()可以打开指定的文件，用于对文件进行读取、修改或添加内容。

open()函数的语法如下所示。

```
open(filename[,mode][,encoding])
```

open()函数共有 8 个参数，其中最常用的有 3 个，分别是 filename（文件名称）、mode（文件打开模式）和 encode（文件编码方式）。其中 filename 是不可以省略的，其他参数都可以省略，省略时会使用默认值。

1. 默认方式打开文件

Open()函数默认以只读方式打开文件，并且返回文件对象（文件句柄）。

【例 9-1】文件基本操作（open()）。打开文件代码如下所示。

程序代码：

```
# 例 9-1 文件基本操作（open()）
# 打开当前目录中的文件
file1 = open("myfile.txt")
file1.close()

# 指定完整路径
file2 = open("D:\Programs\Python\Python37-32\myfile.txt")
file2.close()
```

2. 使用打开模式

打开文件时如果不指定模式，那么默认为 'r'，以只读方式打开文件。此外，还可以显式指定打开模式——读取使用 'r'、写入使用 'w'、追加使用 'a'。还可以指定以文本模式或二进制模式（处理非文本文件，例如图像、EXE 文件等时使用）打开文件。打开文件使用的打开模式如例 9-2 所示。

【例 9-2】文件基本操作（打开模式）。程序代码如下。

程序代码：

```
# 例 9-2 文件基本操作（打开模式）
# 相当于'r'或'rt'
file1 = open("myfile.txt")
print("文件打开模式：", file1.mode)
file1.close()

# 以文本模式写入
file2 = open("myfile.txt", 'w')
file2.close()

# 以二进制模式读写
file3 = open("logo.jpg", 'r+b')
file3.close()
```

在打开文件时指定的打开模式的详细解释如表 9-1 所示。

表 9-1 文件打开模式

模式	模式说明
'r'	以只读方式打开文件，可读取文件信息（默认）
'w'	以写方式打开文件，可向文件写入信息（清空该文件，再写入新内容）；若文件不存在，则创建
'x'	打开独占创建，如果文件已经存在，则失败
'a'	以追加方式打开文件（写入的数据会被加到文件末尾，即：文件原先的内容会被保留）；若文件不存在，则创建
'b'	二进制模式
't'	文本模式（默认）
'+'	打开一个用于更新（读取和写入）的文件

默认模式是 'r'，以只读方式打开文件，用于读取文本（相当于 'rt'）。对于二进制读写访问，模式 'w+b' 打开并将文件截断为 0 字节（清空文件），'r+b' 打开文件而不截断。

可以看出，Python 区分了二进制文件和文本文件：

① 以二进制模式打开文件（mode 中包含 'b'），内容将作为 bytes 对象返回，无须任何解码。

② 以文本模式打开文件（默认值，或 mode 中包含 't'），内容将作为 str 返回。首先使用平台相关编码对字节进行解码，如果给出，则使用指定的编码。

3. 指定编码类型

文件默认的编码依赖于平台。在 Windows 系统中，默认编码为 CP936；在 Linux 系统中，默认编码为 UTF-8。

可以看到，不同平台上的默认编码是不一样的。所以如果依赖于默认编码，那么代码在不同平台上将会有不同表现。因此，当以文本模式处理文件时，强烈建议指定编码类型。

使用文件编码如例 9-3 所示。

【例 9-3】文件基本操作（编码）。程序代码如下。

程序代码：

```
# 例 9-3 文件基本操作（编码）
# 文件默认编码
file1 = open("myfile.txt")
print("文件编码：", file1.encoding)
file1.close()

# 打开文件时指定编码类型
file2 = open("myfile.txt", mode = 'r', encoding = 'utf-8')
file2.close()
```

9.2.2　关闭文件

当完成对文件的操作时，需要关闭文件，以释放与该文件绑定的资源，此时可以使用 close() 函数关闭文件。

可以采取常规关闭方式、异常处理关闭方式和使用 with 语句关闭方式来关闭文件。

（1）常规方式

使用 close() 方法来完成文件关闭工作，使用这种方式并不完全安全，因为在对文件执行某些操作时很有可能会引发 IOError。一旦出错，代码将会退出而无法执行关闭文件的代码。

（2）异常处理

更安全的方式是使用 try...finally 块，这样，即使出现异常，也可以确保文件能够被正确地关闭。

（3）使用 with 语句

每次都要采用异常处理的 try…finally 来关闭文件，这样做代码有些烦琐。所以，Python 引入了 with 语句，这可以确保当 with 中的块退出时，文件被安全地关闭，该动作是在内部完成的。这样和 try…finally 的效果是一样的，而且无须显式地调用 close()，代码简洁、优雅，更符合 Pythonic（极具 Python 特色的代码）的要求。

三种关闭文件方式如例 9-4 所示。

【例 9-4】文件基本操作（关闭文件）。程序代码如下。

程序代码：

```
# 例 9-4 文件基本操作（关闭文件）
# (1)常规方式
print("(1)常规方式。")
file1 = open("myfile.txt")
file1.close()

# (2)异常处理
print("(2)异常处理。")
try:
    file2 = open("myfile.txt")
    # 文件相关操作
```

```
finally:
    file2.close()

# (3)使用 with 语句
print("(3)使用 with 语句。")
with open("myfile.txt") as file3:
    # 文件相关操作，不用显示调用 close()
    pass
```

运行结果：

```
(1)常规方式。
(2)异常处理。
(3)使用 with 语句。
```

9.3 文件读写操作

在 Python 中不同类型文件的读写在概念上是一致的。文件读就是从文件中读出数据到内存中去；文件写就是把内存中的数据写入文件中。但它们所使用的读写语句不一定相同。

9.3.1 文件的读操作

Python 的文本文件的内容读取，必须以读 'r' 模式打开文件，常用的有三种方法：read()、readline()、readlines()。

1. read()

read()是最简单的一种方法，一次性读取文件的所有内容放在一个大字符串中，即存在内存中。read()函数可以传递参数来指定读取文件的字节数，如果没有传递参数则表明读取并返回到文件尾部。

使用 read()读取文件如例 9-5 所示。

【例 9-5】文件基本操作（读文件 read()）。程序代码如下。

程序代码：

```
# 例 9-5 文件基本操作（读文件 read()）
# 文件内容："我们都喜欢 Python。"
with open("myfile.txt", mode='r', encoding='utf-8') as file:
    print(file.read(2))
    print(file.read(1))
    print(file.read(2))
    print(file.read(6))
    print(file.read(1))
```

运行结果：

```
我们
都
```

```
喜欢
Python
。
```

2. readline()

readline()逐行读取文本，结果是一个 list。readline()采取逐行读取，所以占用内存少，但速度比较慢。

使用 readline()读取文件如例 9-6 所示。

【例 9-6】文件基本操作（读文件 readline()）。程序代码如下。

程序代码：

```
# 例 9-6 文件基本操作（读文件 readline()）
# 文件内容:
# “我们都喜欢 Python。”
# “我们一起学习 Python。”
with open("myfile.txt", mode='r', encoding='utf-8') as file:
    line = file.readline()
    while line:
        line = line.rstrip('\n')
        print(line)
        line = file.readline()
```

运行结果：

```
我们都喜欢 Python。
我们一起学习 Python。
```

3. readlines()

readlines()一次性读取文本的所有内容，结果是一个 list。readlines()读取的文件内容，每行末尾都会带一个“\n”换行符（可以使用 line.rstrip('\n')去掉换行符）。readlines()一次性读取文本内容，速度比较快，但 readlines()随着文本的增大，占用内存会越来越多。

使用 readlines()读取文件如例 9-7 所示。

【例 9-7】文件基本操作（读文件 readlines()）。程序代码如下。

程序代码：

```
# 例 9-7 文件基本操作（读文件 readlines()）
# 文件内容:
# “我们都喜欢 Python。”
# “让我们一起学习 Python。”
with open("myfile.txt", mode='r', encoding='utf-8') as file:
    for line in file.readlines():
        line_print = line.rstrip('\n')
        print(line_print)
```

运行结果：

```
我们都喜欢 Python。
让我们一起学习 Python。
```

9.3.2 文件的写操作

为了写入文件，需要以写 'w' 模式打开，追加则使用 'a' 或独占创建使用 'x'。 在使用 'w' 模式时需要小心，因为如果文件存在，则会进行覆盖，以前的所有数据都将被清除。如果要向文件追加内容，使用模式 'a'。Python 的文件写操作常用的方法有 write()和 writelines()。

1. write()

write()把参数内容写到文件中，write()并不会在字符串后加上一个换行符。write()进行文件操作如例 9-8 所示。

【例 9-8】文件基本操作（写文件 write()）。程序代码如下。

程序代码：

```
# 例 9-8 文件基本操作（写文件 write()）
# 写操作
with open("mynewfile.txt", mode='w', encoding='utf-8') as file:
    file.write("We all like Python.")
    # 换行
    file.write("\n")
    file.write("Let's study Python together.")
    # 换行
    file.write("\n")

# 读操作
with open("mynewfile.txt", mode='r', encoding='utf-8') as file:
    for line in file.readlines():
        line_print = line.rstrip('\n')
        print(line_print)
```

运行结果：

```
We all like Python.
Let's study Python together.
```

2. writelines()

writelines()把多行内容写到文件中，参数可以是一个可迭代的对象、列表、元组等。使用 writelines()进行写文件操作如例 9-9 所示。

【例 9-9】文件基本操作（写文件 writelines()）。程序代码如下。

程序代码：

```
# 例 9-9 文件基本操作（写文件 writelines()）
# 写操作
list = ("我们都喜欢 Python。","\n","让我们一起学习 Python。","\n")
with open("mynewfile.txt", mode='a', encoding='utf-8') as file:
    file.writelines(list)

# 读操作
with open("mynewfile.txt", mode='r', encoding='utf-8') as file:
    for line in file.readlines():
        line_print = line.rstrip('\n')
```

```
        print(line_print)
```

运行结果：

```
We all like Python.
Let's study Python together.
我们都喜欢 Python。
让我们一起学习 Python。
```

9.4 文件与目录操作

在 Linux 中，操作系统提供了很多的命令（例如 ls、cd），用于文件和目录管理。在 Python 中，有一个 os 模块，也提供了许多便利的方法来管理文件和目录。

9.4.1 os

os 提供了创建目录、删除目录、删除文件、执行操作系统命令等方法，使用时必须导入 os 包。

1. remove()方法

remove()方法用于删除指定文件，一般都会结合 os.path 的 exists()方法使用，即先检查该文件是否存在，再决定是否删除该文件。删除文件如例 9-10 所示。

【例 9-10】文件与目录操作（remove()方法）。程序代码如下。

程序代码：

```
# 例 9-10 文件与目录操作（remove()方法）
import os

file_name = "mynewfile.txt"
if os.path.exists(file_name):
    os.remove(file_name)
    print(file_name + "文件删除成功！")
else:
    print(file_name + "文件未找到！")
```

运行结果：

```
mynewfile.txt 文件删除成功！
```

再次运行结果：

```
mynewfile.txt 文件未找到！
```

2. mkdir()方法

用 mkdir()方法可以创建指定名称的目录。执行后会在当前目录创建对应的目录。但如果目录已经创建，执行时就会产生错误。所以一般要先检查该目录是否存在，再决定是否要创建该目录。创建目录如例 9-11 所示。

【例 9-11】文件与目录操作（mkdir()方法）。程序代码如下。

程序代码：

```
# 例 9-11 文件与目录操作（mkdir()方法）
```

```
import os

my_dir = "PythonDir"
if not os.path.exists(my_dir):
      os.mkdir(my_dir)
      print(my_dir + "目录创建成功！")
else:
      print(my_dir + "目录已经存在！")
```

运行结果：

```
PythonDir 目录创建成功!
```

再次运行结果：

```
PythonDir 目录已经存在!
```

3. rmdir()方法

rmdir()方法可以删除指定目录，删除目录前必须先删除该目录中的文件。一般都会先检查目录是否存在，再决定是否要删除该目录。删除目录如例 9-12 所示。

【例 9-12】文件与目录操作（rmdir()方法）。程序代码如下。

程序代码：

```
# 例 9-12 文件与目录操作（rmdir()方法）
import os

my_dir = "PythonDir"
if os.path.exists(my_dir):
      os.rmdir(my_dir)
      print(my_dir + "目录删除成功！")
else:
      print(my_dir + "目录不存在！")
```

运行结果：

```
PythonDir 目录删除成功!
```

再次运行结果：

```
PythonDir 目录不存在!
```

4. system()方法

system()方法用来执行操作系统命令，例如，清除屏幕、创建“PythonDir”目录，复制 myfile.txt 文件到新建目录下，并更名为 mynewfile.txt，最后用记事本打开该文件。具体代码如例 9-13 所示。

【例 9-13】文件与目录操作（system()方法）。程序代码如下。

程序代码：

```
# 例 9-13 文件与目录操作（system()方法）
import os

# 获取当前路径
current_path = os.path.dirname(__file__)
# 清除屏幕
```

```
os.system("cls")
# 创建 PythonDir 目录
os.system("mkdir PythonDir")
# 复制文件
os.system("copy myfile.txt PythonDir\mynewfile.txt")
# 使用记事本打开 mynewfile.txt 文件
file_name = current_path + "\PythonDir\mynewfile.txt"
os.system("notepad " + file_name)
```

运行结果：可看到打开了新复制的 mynewfile.txt 文件。

9.4.2 os.path

os.path 用来处理文件路径及路径名称，检查文件或路径是否存在或计算文件大小，使用时需要首先导入 os.path 包。

os.path 包含的方法如表 9-2 所示。

表 9–2　os.path 包含的方法

方法名称	说明
abspath()	返回文件的完整的路径名
basename()	返回文件路径名后部的文件或路径名。如果测试的是文件会返回文件名，测试的是路径会返回路径最后的部分
dirname()	返回指定文件的完整路径，用 dirname(__file__)则可以取得当前目录路径
exists()	检查指定的文件或路径是否存在
getsize()	返回指定文件的大小（Bytes）
isabs()	检查指定路径是否为完整路径名称
isfile()	检查指定路径是否为文件
isdir()	检查指定路径是否为目录
split()	把文件路径名分隔为路径和文件
splitdrive()	把文件路径名分割为磁盘名和文件路径名
join()	把路径和文件名合并成完整路径

9.4.3 os.walk

os.walk()用来搜索指定目录及其子目录，它会返回一个包含 3 个元素的元组（dirpath, dirname, filenames）：

① dirpath：以字符串形式返回该目录下所有的绝对路径；

② dirname：以列表形式返回每一个绝对路径下的目录；

③ filenames：以列表形式返回该路径下的所有文件。

遍历目录如例 9-14 所示，例子以新创建的目录“PythonDir”为当前目录，否则输出内容过多。

【例 9-14】文件与目录操作（os.walk()方法）。程序代码如下。

程序代码：

```
# 例 9-14 文件与目录操作（os.walk()方法）
import os

# 获取当前路径
current_path = os.path.dirname(__file__)
current_path += "/PythonDir"
sample_tree = os.walk(current_path)

for dir_name,sub_dir,files in sample_tree:
     print("文件路径：",dir_name)
     print("目录列表：",sub_dir)
     print("文件列表：",files)
     print()
```

运行结果：

```
文件路径：D:/Programs/Python/Python37-32/PythonDir
目录列表：[]
文件列表：['mynewfile.txt']
```

9.5 数据维度

一组数据在被计算机处理前需要进行一定的组织，表明数据之间的基本关系和逻辑，进而形成“数据的维度”。根据数据的关系不同，数据组织可以分为一维数据、二维数据和高维数据。

（1）一维数据：由对等关系的有序或无序数据构成，采用线性方式组织，对应于数学中数组的概念。例如，我国的直辖市列表即可表示为一维数据，一维数据具有线性特点。

（2）二维数据：也称表格数据，由关联关系数据构成，采用二维表格方式组织，对应于数学中的矩阵，常见的表格都属于二维数据。

（3）高维数据：由键值对类型的数据构成，采用对象方式组织，可以多层嵌套。高维数据在Web 系统中十分常用，作为目前 Internet 组织内容的主要方式，高维数据衍生出 HTML、XML、JSON 等具体数据组织的语法结构。

9.5.1 一维数据

1. 一维数据的表示

一维数据是最简单的数据组织类型，由于是线性结构，在 Python 语言中主要采用列表形式表示。例如：我国的直辖市数据可以采用一个列表变量表示。

```
>>> list = ['北京','上海','天津','重庆']
>>> print(list)
['北京', '上海', '天津', '重庆']
```

2. 一维数据的存储

一维数据的文件存储有多种方式，总体思路是采用特殊字符分隔各数据。常用存储方法包括以下 4 种。

（1）采用空格分隔元素，例如：

北京　上海　天津　重庆

（2）采用逗号分隔元素，例如：

北京,上海,天津,重庆

（3）采用换行分隔元素，例如：

北京

上海

天津

重庆

（4）其他特殊符号分隔，以分号分隔为例，例如：

北京;上海;天津;重庆

3. 一维数据的使用

采用逗号分割的存储格式叫作 CSV（Comma-Separated Values，逗号分隔值）格式，它是一种通用的、相对简单的文件格式，在商业和科学上广泛应用，大部分编辑器都支持直接读入或保存文件为 CSV 格式。

一维数据保存成 CSV 格式后，各元素采用逗号分隔，形成一行。从 Python 表示到数据存储，需要将列表对象输出为 CSV 格式以及将 CSV 格式读入成列表对象。

列表对象输出为 CSV 格式文件方法如例 9-15 所示，采用字符串的 join()方法最为方便。

【例 9-15】一维数据的使用（写入 CSV 格式文件）。程序代码如下。

程序代码：

```
# 例 9-15 一维数据的使用（写入 CSV 格式文件）
list = ['北京', '上海', '天津', '重庆']
file = open("city.csv", 'w')
file.write(",".join(list) + "\n")
file.close()
```

运行结果：在当前目录下会创建 city.csv 文件，并将列表内容写入，可以通过记事本打开 city.csv 文件，并查看内容。

对一维数据进行处理首先需要从 CSV 格式文件读入一维数据，并将其表示为列表对象，具体如例 9-16 所示。

【例 9-16】一维数据的使用（从 CSV 格式文件读入）。程序代码如下。

程序代码：

```
# 例 9-16 一维数据的使用（从 CSV 格式文件读入）
file = open("city.csv", 'r')
list = file.read().strip('\n').split(",")
file.close()
print(list)
```

运行结果：

```
['北京', '上海', '天津', '重庆']
```

9.5.2 二维数据

1. 二维数据的表示

二维数据是由多条一维数据构成的，可以看成一维数据的组合形式。因此，二维数据可以采用二维列表来表示，即列表的每个元素对应二维数据的一行，这个元素本身也是列表类型，其内部各元素对应这行中的各列值。

2. 二维数据的存储

二维数据由一维数据组成，用 CSV 格式文件存储。CSV 格式文件的每一行都是一维数据，整个 CSV 格式文件是一个二维数据。

3. 二维数据的使用

二维列表对象输出为 CSV 格式文件方法如例 9-17 所示，采用遍历循环和字符串的 join()方法相结合。

【例 9-17】二维数据的使用（写入 CSV 格式文件）。程序代码如下。

程序代码：

```
# 例 9-17 二维数据的使用（写入 CSV 格式文件）
list = [['书名', '出版社', '作者'],
            ['Python 程序设计', '人民邮电出版社', '王学军'],
            ['毫无障碍学 Python', '中国水利水电出版社', '邓文渊'],
            ['Python 程序设计基础', '清华大学出版社', '董付国']]
file_name= "book.csv"
file = open(file_name, 'w')
for row in list:
    file.write(",".join(row) + "\n")
print("数据写入", file_name, "成功。")
file.close()
```

运行结果：

```
数据写入 book.csv 成功。
```

对二维数据进行处理首先需要从 CSV 格式文件读入二维数据，并将其表示为二维列表对象。借鉴一维数据读取方法，从 CSV 格式文件读入数据的方法如例 9-18 所示。

【例 9-18】二维数据的使用（从 CSV 格式文件读入）。程序代码如下。

程序代码：

```
# 例 9-18 二维数据的使用（从 CSV 格式文件读入）
file_name= "book.csv"
file = open(file_name, "r")

list = []
for line in file:
     list.append(line.strip('\n').split(","))
file.close()
print(list)
```

运行结果：

```
[['书名', '出版社', '作者'], ['Python 程序设计', '人民邮电出版社', '王学军'], ['毫无障碍学Python', '中国水利水电出版社', '邓文渊'], ['Python 程序设计基础', '清华大学出版社', '董付国']]
```

二维数据处理等同于二维列表的操作，与一维列表不同，二维列表一般需要借助循环遍历实现对每个数据的处理，基本代码格式如下：

```
for row in list:
for item in row:
        <对第 row 行第 item 列元素进行处理>
```

对二维数据进行格式化输出，打印成表格形状。

```
# list = [[],[],[]]
for row in list:
    line = ""
    for item in row:
        line += "{:10}\t".format(item)
    print(line)
```

9.6　习题

1. 简述文件的操作步骤。
2. 简述在打开文件时 mode 参数为'w'和'a'的区别。
3. 什么是数据维度？
4. Python 在进行文件操作时，有哪几种关闭文件的方式？

第10章 Python第三方库

Python 在强大的标准库基础上还拥有丰富的、不断发展的第三方库，本章将介绍第三方库的安装方法，并介绍一些常用的第三方库（如 PyInstaller 库和 wordcloud 库等）的使用方法。

10.1 第三方库的安装

10.1.1 第三方库的安装方法

Python 第三方库依照安装方式灵活性和难易程度有三种安装方法：pip 工具安装、自定义安装和文件安装。

1. pip 工具安装

最常用且最高效的 Python 第三方库安装方式是采用 pip 工具安装。pip 是 Python 官方提供并维护的在线第三方库安装工具。

```
pip install <拟安装库名>
```

pygame 开发库的安装过程如下所示。

在命令行下输入如下命令：

```
C:\>pip install pygame
```

就会出现如下提示：

```
Collecting pygame
Installing collected packages: pygame
Successfully installed pygame-1.9.4
```

如果在网络正常的情况下，几分钟就会安装完成，并有安装成功的提示信息。

pip 是 Python 第三方库最主要的安装方式，可以安装超过 90%以上的第三方库。然而，还有一些第三方库暂时无法用 pip 安装，此时，需要其他的安装方法。

pip 工具与操作系统也有关系，在 Mac OS X 和 Linux 等操作系统中，pip 工具几乎可以安装任何 Python 第三方库，在 Windows 操作系统中，有一些第三方库仍然需要用其他方式尝试安装。

2. 自定义安装

自定义安装指按照第三方库提供的步骤和方式安装。第三方库都有主页用于维护库的代码和文档。以科学计算用的 NumPy 为例，开发者维护主要登录 NumPy 官方网站，浏览网页找到下载链接，进而根据指示步骤安装。

3. 文件安装

为了解决第三方库安装问题，美国加州大学尔湾分校提供了一个网站，帮助 Python 用户获得 Windows 可直接安装的第三方库文件。

这里以 scipy 为例说明，首先在上述的网站页面中找到 scipy 库对应的内容。选择其中的.whl 文件下载，这里选择适用于 Python 3.5 版本解释器和 32 位系统的对应文件：scipy-0.17.1-cp35-cp35m-win32.whl，下载该文件到 D:\pycodes 目录。

然后，采用 pip 命令安装该文件。

```
:\>pip install D:\pycodes\scipy-0.17.1-cp35-cp35m-win32.whl
Processing d:\pycodes\scipy-0.17.1-cp35-cp35m-win32.whl
Installing collected packages:scipy
Successfully installed scipy-0.17.1
```

对于上述三种安装方法，一般优先选择采用 pip 工具安装，如果安装失败，则选择自定义安装或者文件安装。另外，如果需要在没有网络条件下安装 Python 第三方库，可直接采用文件安装方式。其中，.whl 文件可以通过 pip download 指令在有网络条件的情况下获得。

10.1.2　pip 工具使用

执行 pip -h 将列出 pip 常用的子命令。

在命令行下输入如下命令：

```
C:\>pip -h
```

执行命令后，会输出 pip 常用的子命令和简单说明。

```
Usage:
  pip <command> [options]
Commands:
  install                     Install packages.
  download                    Download packages.
  uninstall                   Uninstall packages.
  freeze                      Output installed packages in requirements format.
  list                        List installed packages.
  show                        Show information about installed packages.
  check                       Verify installed packages have compatible dependencies.
  config                      Manage local and global configuration.
  search                      Search PyPI for packages.
  wheel                       Build wheels from your requirements.
  hash                        Compute hashes of package archives.
  completion                  A helper command used for command completion.
  help                        Show help for commands.
```

pip 支持安装（install）、下载（download）、卸载（uninstall）、列表（list）、查看（show）、查找（search）等一系列安装和维护子命令。

pip 的 uninstall 子命令可以卸载一个已经安装的第三方库，格式如下：

```
pip uninstall <拟卸载库名>
```

pip 的 list 子命令可以列出当前系统中已经安装的第三方库，格式如下：

```
pip list
```

pip 的 show 子命令列出某个已经安装库的详细信息，格式如下：

```
pip show <拟查询库名>
```

pip 的 download 子命令可以下载第三方库的安装包，但并不安装，格式如下：

```
pip download <拟下载库名>
```

pip 的 search 子命令可以联网搜索库名或摘要中的关键字，格式如下：

```
pip search <拟查询关键字>
```

以查询含有 installer 单词的库为例，执行效果如下：

```
C:\>pip search installer
telejson-installer (0.1.0.3)       - Python Telejson Installer.
deployme-installer (0.1dev)        - Simple installer for deployme
wxpython-installer (0.1.0)         - A wxPython installer for Linux distribution
robotpy-installer (2018.0.5)       - Installation utility program for RobotPy
googlefonts-installer (0.3.1)      - Google fonts installer utility.
archive-installer (2016.1.1)       - User local application installer without hassle.
scs-installer (0.1.11)             - Installer/Meta package for South Coast Science
Software
```

注：这里只列出了部分查询结果。

10.2 PyInstaller 库

1. 安装 PyInstaller

PyInstaller 是一个十分有用的 Python 第三方库，它能够在 Windows、Linux、Mac OS X 等操作系统下将 Python 源文件打包，变成直接可运行的可执行文件。

通过对源文件打包，Python 程序可以在没有安装 Python 的环境中运行，也可以作为一个独立文件方便传递和管理。

```
:\>pip install PyInstaller
```

2. 程序打包

使用 PyInstaller 库对 Python 源文件打包十分简单，使用方法如下：

```
:\>PyInstaller <Python 源程序文件名>
```

执行完毕后，源文件所在目录将生成 dist 和 build 两个文件夹。最终的打包程序在 dist 内部与源文件同名的目录中。

可以通过-F 参数对 Python 源文件生成一个独立的可执行文件，如下：

```
:\>PyInstaller -F <Python 源程序文件名>
```

执行后在 dist 目录中出现了<Python 源程序文件名>.exe 文件，没有任何依赖库，双击 exe 文件即可执行。

PyInstaller 一些常用参数如表 10-1 所示。

表 10-1　　PyInstaller 常用参数

参数	功能
-h, --help	查看帮助
--clean	清理打包过程中的临时文件

续表

参数	功能
-D, --onedir	默认值，生成 dist 目录
-F, --onefile	在 dist 文件夹中只生成独立的打包文件
-i <图标文件名.ico >	指定打包程序使用的图标（icon）文件

10.3 jieba 库

1. jieba 库安装

由于中文文本中的单词不是通过空格或者标点符号分割,中文及类似语言存在一个重要的“分词”问题。

jieba（结巴）是 Python 中一个重要的第三方中文分词函数库。

```
:\>pip install jieba
```

jieba 库的分词原理是利用一个中文词库，将待分词的内容与分词词库进行比对，通过图结构和动态规划方法找到最大概率的词组。除了分词，jieba 还提供增加自定义中文单词的功能。

jieba 库支持三种分词模式：精确模式，将句子最精确地切开，适合文本分析；全模式，把句子中所有可以成词的词语都扫描出来，速度非常快，但是不能解决歧义；搜索引擎模式，在精确模式基础上，对长词再次切分，提高召回率，适合用于搜索引擎分词。

对中文分词来说，jieba 库只需要一行代码即可。

```
>>>import jieba
>>>jieba.lcut("全国计算机等级考试")
Building prefix dict from the default dictionary ...
Loading model from cache C:\AppData\Local\Temp\jieba.cache
Loading model cost 1.001 seconds.
Prefix dict has been built succesfully.
['全国', '计算机', '等级', '考试']
```

2. jieba 库使用

jieba.lcut(s)是最常用的中文分词函数，用于精确模式，即将字符串分割成等量的中文词组，返回结果是列表类型。

```
>>>import jieba
>>>ls = jieba.lcut("全国计算机等级考试 Python 科目")
>>>print(ls)
['全国', '计算机', '等级', '考试', 'Python', '科目']
```

jieba.lcut(s, cut_all = True)用于全模式，即将字符串的所有分词可能均列出来，返回结果是列表类型，冗余性最大。

```
>>>import jieba
>>>ls = jieba.lcut("全国计算机等级考试 Python 科目", cut_all=True)
>>>print(ls)
['全国', '国计', '计算', '计算机', '算机', '等级', '考试', 'Python', '科目']
```

jieba.lcut_for_search(s)返回搜索引擎模式，该模式首先执行精确模式，然后再对其中长词进一步切分获得最终结果。

```
>>>import jieba
>>>ls = jieba.lcut_for_search("全国计算机等级考试 Python 科目")
>>>print(ls)
['全国', '计算', '算机', '计算机', '等级', '考试', 'Python', '科目']
```

搜索引擎模式更倾向于寻找短词语，这种方式具有一定冗余度，但冗余度相比全模式较少。

如果希望对文本准确分词，不产生冗余，只能选择 jieba.lcut(s)函数，即精确模式。如果希望对文本分词更准确，不漏掉任何可能的分词结果，请选用全模式。如果没想好怎么用，可以使用搜索引擎模式。

jieba.add_word()函数，顾名思义，用来向 jieba 词库增加新的单词。

```
>>>import jieba
>>>jieba.add_word("Python 科目")
>>>ls = jieba.lcut("全国计算机等级考试 Python 科目")
>>>print(ls)
['全国', '计算机', '等级', '考试', 'Python 科目']
```

10.4 wordcloud 库

1. wordcloud 库安装

词云以词语为基本单元，根据其在文本中出现的频率设计不同大小以形成视觉上不同效果，形成“关键词云层”或“关键词渲染”，从而使读者只要“一瞥”即可领略文本的主旨。

wordcloud 库是专门用于根据文本生成词云的 Python 第三方库，十分常用且有趣。

安装 wordcloud 库在 Windows 的 cmd 命令行使用如下命令：

```
:\>pip install wordcloud
```

wordcloud 库的使用十分简单，以一个字符串为例。其中，产生词云只需要一行语句，在第三行，并可以将词云保存为图片。

```
>>>from wordcloud import WordCloud
>>>txt='I like python. I am learning python'
>>>wordcloud = WordCloud().generate(txt)
>>>wordcloud.to_file('testcloud.png')
<wordcloud.wordcloud.WordCloud object at 0x000001583E26D208>
```

2. wordcloud 库使用

在生成词云时，wordcloud 默认会以空格或标点为分隔符对目标文本进行分词处理。对于中文文本，分词处理需要由用户来完成。一般步骤是先将文本进行分词处理，然后以空格拼接，再调用 wordcloud 库函数。

```
import jieba
from wordcloud import WordCloud
txt = '程序设计语言是计算机能够理解和识别用户操作意图的一种交互体系，它按照特定规则组织计算机指令，使计算机能够自动进行各种运算处理。'
words = jieba.lcut(txt)          # 精确分词
newtxt = ' '.join(words)         # 空格拼接
```

```
wordcloud = WordCloud(font_path="msyh.ttc").generate(newtxt)
wordcloud.to_file('词云中文例子图.png')          # 保存图片
```

wordcloud 库的核心是 wordCloud 类，所有的功能都封装在 wordCloud 类中。使用时需要实例化一个 wordCloud 类的对象，并调用其 generate(text)方法将 text 文本转化为词云。

wordCloud 对象创建的常用参数如表 10-2 所示。

表 10-2　　wordCloud 对象创建的常用参数

参数	功能
font_path	指定字体文件的完整路径，默认 None
width	生成图片宽度，默认 400 像素
height	生成图片高度，默认 200 像素
mask	词云形状，默认 None，即方形图
min_font_size	词云中最小的字体字号，默认 4 号
font_step	字号步进间隔，默认 1
max_font_size	词云中最大的字体字号，默认 None，根据高度自动调节
max_words	词云图中最大的词数，默认 200
stopwords	被排除词列表，排除词不在词云中显示
background_color	图片背景颜色，默认黑色

wordCloud 类的常用方法如表 10-3 所示。

表 10-3　　wordCloud 类的常用方法

方法	功能
generate(text)	由 text 文本生成词云
to_file(filename)	将词云图保存为名为 filename 的文件

10.5 Python 常用第三方库

1. Web 框架

（1）Django：开源 Web 开发框架，它鼓励快速开发，并遵循 MVC 设计模式，比较庞大，开发周期短。Django 的文档完善，市场占有率高。开发网站应有的工具 Django 基本都给做好了，因此开发效率是比较高的，出了问题也方便查找，不在用户代码里就在 Django 的源码里。

（2）web.py：轻量级 Web 框架，虽然简单但是功能强大。

（3）Tornado：Web 服务器框架。Tornado 是一个 Web 服务器，同时又是一个类 web.py 的 micro-framework。作为框架，Tornado 的思想主要来源于 web.py，没有好的 ORM，没有 session 支持(虽然官方做法是用 cookie 代替)，WSGI 支持不完整。但好处就是它用非阻塞的事件驱动开发，性能不错；并且自带 Web 服务器，很适合拿来学习一个非阻塞方式 Web 服务器工作原理。

2. 科学计算

（1）Matplotlib：用 Python 实现的类 Matlab 的第三方库，用以绘制一些高质量的数学二维图形。

（2）Scipy：基于 Python 的 Matlab 实现，旨在实现 Matlab 的所有功能。

（3）Numpy：基于 Python 的科学计算第三方库，提供了许多高级的数值编程工具，如：矩阵数据类型、矢量处理、线性代数、傅里叶变换以及精密的运算库，专门进行严格的数字处理。

3. 网页爬虫框架

Scrapy 是 Python 开发的一个快速、高层次的屏幕抓取和 Web 抓取框架，用于抓取 Web 站点并从页面中提取结构化的数据。Scrapy 用途广泛，可以用于数据挖掘、监测和自动化测试。Scrapy 吸引人的地方在于它是一个框架，任何人都可以根据需求方便地修改。它也提供了多种类型爬虫的基类，如 BaseSpider、sitemap 爬虫等。

4. 分布式网络框架

Twisted 是使用 Python 编写的、稳健的、面向对象的解释性语言。因为 Python 是跨平台的，所以 Twisted 程序可以运行在 Linux、Windows、UNIX 和 Mac 等系统上。Twisted 包括大量的功能，包括 Email、Web、news、chat、DNS、SSH、Telnet、RPC、数据库存取等。

5. 游戏框架

Pygame 是基于 Python 的多媒体开发和游戏软件开发模块，是跨平台 Python 模块，专为电子游戏设计，包含图像、声音。Pygame 建立在 SDL 基础上，允许实时电子游戏研发而无须被低级语言（如机器语言和汇编语言）束缚。基于这样一个设想，所有需要的游戏功能和理念（主要是图像方面）都完全简化为游戏逻辑本身，所有的资源结构都可以由高级语言提供，如 Python。

6. GUI

（1）Tkinter：Python 下标准的界面编程包，因此不算是第三方库了。

（2）PyGtk：基于 Python 的 GUI 程序开发 GTK+库。

（3）PyQt：用于 Python 的 QT 开发库。

（4）WxPython：Python 下的 GUI 编程框架，与 MFC 的架构相似。

7. 其他

（1）BeautifulSoup：基于 Python 的 HTML/XML 解析器，简单易用。

（2）MySQLdb：用于连接 MySQL 数据库。

（3）Py2exe：将 Python 脚本转换为 Windows 上可以独立运行的可执行程序。

（4）pefile：Windows PE 文件解析器。

（5）PIL：基于 Python 的图像处理库，功能强大，对图形文件的格式支持广泛。

10.6 习题

1. 简述使用 pip 安装第三方库的方法。
2. 简述使用 PyInstaller 将 Python 源程序打包的方法。
3. 简述 Python 常用的第三方库。